JN182478

軍用機製造の戦後史

戦後空白期から先進技術実証機まで

福永晶彦 著

芙蓉書房出版

はじめに

本書は、戦後の我が国において軍用機（特に固定翼機）の開発・生産がどのように行われてきたのか、ナショナル・イノベーション・システムという観点から考察を図るものである。

ナショナル・イノベーション・システムを経営史研究者の沢井（2012）は、「産官学の諸部門にわたる科学技術のあり方、研究開発体制のあり方」（2頁）と定義しており、ドシ他（1988）やネルソン編（1993）は、国やその国に存在する諸制度が企業を含めた一国の技術面でのイノベーションに影響することを指摘している。

著者は、山田敏之大東文化大学教授とともにこれまで、戦後の我が国における軍用機製造を担当した民間企業における軍用機開発・生産を組織能力という観点から分析してきた（福永・山田, 2010、福永・山田, 2011a、福永・山田, 2011b、山田・福永, 2012）。そして、それらの諸企業を含む戦後の我が国の軍用機製造に関するナショナル・イノベーション・システムを概観すると、軍用機先進国の米国とはもちろんのこと、その他諸外国と比較しても極めて不利な状況にあることが指摘できる。

しかし、本書の第2章で考察するように、我が国は占領政策により7年間航空禁止となり、その間にジェット機化などが進展したが、航空再開後の我が国軍用機製造企業は数年のうちに米国製ジェット戦闘機のライセンス生産や国産ジェット練習機の開発に成功しており、昭和40年代には超音速ジェット練習機 T-2 や大型ジェット輸送機 C-1 の開発に至っている。

また、第3章において指摘したように、昭和40年代以降、我が国は経済大国化したが、政治的問題により我が国の軍用機開発へ多大な制約が課せられていた。しかし、そのような条件下においても軍用機開発を達成している。このように非常に不利な条件下で企業がいかにしてイノベーションを図ってきたのかを考察することは、困難な環境にある諸企業・諸産業の参考となるだけでなく、様々な産業政策を立案するうえで参考になる。
現在の我が国での軍用機開発・製造に関わるナショナル・イノベーション・システムの特徴は、工廠が存在せず、軍用機製造はもちろんのこと、軍用機開発においても防衛省・自衛隊と並び民間企業が重要な役割を果たしているということが指摘できる。軍用機製造には様々な企業が携わるが、本書では軍用機そのものの開発・生産を行う機体製造企業を中心に考察を行っている。現在の我が国の主要な機体製造企業は三菱重工業、川崎重工業、富士重工業、新明和工業の４社であり、いずれも多角化した事業の一環として航空機製造を行っている。本書ではそれらの企業を軍用機製造企業と称することとしている。

本書が軍用機製造に着目するのは、軍用機製造が軍事的・政治的そして経済的に意義がある事業であり、我が国の存続に関わる事業であるからである。本書を著わしている時点において、尖閣諸島に対する中華人民共和国からの脅威が明確になり、我が国の領土である竹島や北方領土が不法占拠されていることなどからも、防衛力の整備が必要であることはいうまでもない。
その中でも、現代の軍事戦略上、制空権の維持は必要不可欠であり、軍用機の開発・生産はそれを支える基盤となっている。特に軍用機を国産開発する能力を有することはたとえ同盟国でも最先端の軍事機密は公表されない事例（F-2 戦闘機開発時のソースコード）があることや稼働率を上げるために必要である。経済的には航空機関連技術の波及効果は非常に大きく、航空機産業は将来の我が国の主要産業になる可能性があり、近年我が国が重視するインフラ関連諸産業と同じ企業が携わっていることや官民連携が重要であることなどの共通点があり、同産業を考察することはその意味でも重要である。
戦後の我が国の軍用機を含めた航空機産業の変遷を概観したものとしては、日本航空史編纂委員会（1992）、日本航空宇宙工業会（1987）、日本航空宇宙工業会（2003）などがあり、民間機に限定したナショナル・イノベーション・システムに関しては、通商産業政策史編纂委員会・長谷川

（2013）が1980年以降について考察を図っているが、我が国の軍用機製造業に関するナショナル・イノベーション・システムや軍用機製造企業に関する戦後史を概観したものは極めて少ないと考えられる。

本書は著者等がこれまで行った調査・研究を基盤にその後に行った調査、研究を元に著されたものである。

本書においては敬称を省略した。また肩書は原則として調査時、もしくは参考文献等に記載されたものを用いた。

軍用機製造の戦後史●目次

第3章
「逆風」の下での革新－昭和40年代以降の軍用機開発と軍用機製造企業

第１章

現代の軍用機と
我が国における軍用機開発・生産の
現状と問題点

1．現代の軍用機の技術

（1）軍用機とは

航空機には軍用機と民間機が存在しており、市場的には極めて異なる。しかし、軍用機と民間機の技術基盤は共通しているが、軍用機の中でも戦闘機などは民間機と比較して高い性能が求められ、特殊な技術が必要である（片瀬，2008）。例えば三菱重工業で戦闘機開発に携わっている岸信夫航空技術部次長は小林（2010）のインタビューにおいて、空調システム一つとってみても戦闘機と民間機では冷却性能、構成機器の搭載性の違いから求められる技術・技能が違うことを指摘している。

軍用機の分類・呼称は必ずしも各国や専門家間で一致していない。例えば航空自衛隊においては一般的に攻撃機、戦闘攻撃機に該当する機種のことを支援戦闘機と呼称した＊1。それは我が国の政治的事情により「攻撃」という単語を忌避するためである。

軍用機は固定翼機と回転翼機に分類され（防衛技術ジャーナル編集部，2005）、固定翼軍用機は戦闘機など比較的機体が小型な航空機を小型機、輸送機や哨戒機など機体が大型の航空機は大型機とされ、飛行艇など水上で離発着できる水上機も存在する。この他、無人機も存在する。そして、各々の機種を開発・生産するためには特徴的な技術が求められる。そこで以下では戦後の我が国で開発・生産された主要機種の特徴を考察する。

①戦闘機

戦闘機とは、狭義では敵航空機と戦闘を行うことを主たる任務とする航空機であるが、広くは地上・洋上の目標を攻撃する攻撃機、その両方の能力を備えた戦闘攻撃機なども含まれ、現在では多目的に使用することが可能な多任務戦闘機も登場している（青木，2005）。いわゆる狭義の戦闘機は迎撃機や要撃戦闘機と呼称される。現代では多用途性が戦闘機に求められているが、戦闘機の本来の任務は敵軍用機の撃破であり、空中戦の能力が最も要求される能力である。福永・山田（2011b）が取材した川崎重工業の関係者は、速度と運動性が戦闘機の設計の目的になることを指摘している。

現在、いわゆる「撃ち放し式」空対空ミサイルが発達しているが、林（2010）は、空中戦において最初にミサイルを撃つための機動や編隊連携は依然として重要であり、ミサイルを大量に積んだ「輸送機」で防空を行うことは不可能であると指摘している。

戦闘機（F-2、筆者撮影・航空自衛隊百里基地）

世界初の実用ジェット戦闘機は第二次世界大戦中にドイツ軍が使用したメッサーシュミット Me262 戦闘機であり、その時代から現在までの間に5つともいわれる世代が存在しており、現時点で最新鋭とされる米 F-22 戦闘機や米 F-35 戦闘機は第五世代戦闘機と呼ばれている＊2。

②練習機

練習機は飛行搭乗員を育成するための航空機であり、一般的には戦闘機と同じく小型機である。飛行搭乗員の訓練には訓練生の能力に合わせた複数の機体を用い、教育課程に合った機体であることが求められている（青木, 2005）。

現在の航空自衛隊には、初等練習機としてターボプロップエンジン搭載の T-7 練習機、中等練習機としてジェットエンジン搭載の T-4 練習機、また多席型機の訓練用として輸送機・救難機等基本操縦練習機 T-400 が配備されている。

練習機（T−4、筆者撮影・航空自衛隊百里基地）

我が国の航空機産業の特色として、自衛隊用練習機の国産により航空機の開発・生産能力が向上したことが指摘できる。例えば、戦後初の国産ジェット機として T-1 練習機が開発され、その後我が国初の超音速ジェット機である T-2 練習機が開発され、同機を改造して戦後我が国初の国産支援戦闘機 F-1 が開発された。F-1 計画が T-2 計画に先行しなかった理由として鳥養（2006d）は、同機が設計されていた1967年前後には防衛問題に関する批判的意見が存在し、自衛隊機国産化に「反対」する意向が米国や財政当局、防衛庁内局に強く存在していたという政治的な背景があったことを指摘している。

③哨戒機

哨戒機はかつて対潜哨戒機と呼称され、潜水艦の探知・攻撃を目的とする航空機であったが、現在では対水上艦艇作戦能力を併せ持たせる傾向があるために哨戒機と呼称されている（青木, 2005）。

P-2J 対潜哨戒機の開発を行った川崎航空機工業（川崎重工業）の平木（1969）は、対潜哨戒機に求められた能力として、潜水艦存在情報があった際にできるだけ速やかにその地点に到達できる能力、発見撃沈率を向上させるために低空低速で長時間巡航できかつ運動性が良好であること、対潜哨戒用電子機器・兵装を充分に搭載しそれらが機体と有機的に結合してシステムとして最大の能力が発揮できることを挙げている。

青木（2005）は、現代の哨戒機に求められる性能としても上述の条件同様、飛行高度が低いことによる燃費の悪化に対応でき、かつ長距離の飛行が可能であること、低速で安定的に飛行できること、複雑・膨大な潜水艦探知システム・処理システムや情報を他の航空機や艦船に伝播するデータリンクを搭載でき、受発信の際の相互干渉による障害を防ぐためにアンテナやセンサー類が適切に配置されかつ乗員が合理的に配置できるスペースが確保されることなどを指摘している。

哨戒機（P−3C、筆者撮影・航空自衛隊百里基地）

そのために旅客機の機体フレームを活用した機種が存在し（例、P-3C 哨戒機、米 P-8A 哨戒機）、P-3C はターボプロップ機である。ターボファンエンジンの燃費向上により P-1 や P-8A はターボファンエンジンを搭載している。ただし、米海軍 P-8A の運用高度は10,000フィートであり、低高度での運用は想定しておらず、探索用無人機との連携を前提にしている。国産 P-1 哨戒機は近年の哨戒機では珍しく専用に設計されているが、その理由として大塚（2010）は、将来的な電子装備や兵装装備の増大が予想され、そのために基本離陸重量を増加させた可能性を指摘している（福永・山田, 2011b、長谷部, 2015、石川, 2015）。

④輸送機

輸送機は、物資、人員を移動させることや部隊の展開に用いられる航空機である。青木（2005）は、現在大半の輸送機は物資の搭載の容易化や車輌の自走搭載を可能とするためにキャビン床面を地上に近付けることを可能とする高翼形式を採用し、胴体後部に両開き式の扉や床面につながるランプが設けられる設計がなされていることを指摘している。

また、輸送機には本国と戦域間で大量の輸送力を提供する戦略輸送機と、戦域内の輸送や空挺降下を行う能力を持ち、小規模な飛行場でも離着陸可能な戦術輸送機に大別されるが米 C-17 輸送機のように戦略・戦術双方の能力を兼ね備えた輸送機も近年では登場している。

輸送機（C-1、筆者撮影・航空自衛隊百里基地）

川崎重工業の園田（1978）は、軍用輸送機において最も考慮すべき点は「何が」輸送できるかであることを指摘している。それは輸送する物品の形状で胴体断面を変形させることは強度や性能上別の航空機を開発するに等しいからであり、例えば国産 C-1 輸送機の胴体直径は当時使用されていた2.5トントラックを空輸できることを主眼に置いて設計したことを指摘している。また、国産 C-2 輸送機は我が国の道路交通法で走ることが可能な車両を空輸することを目標として開発された（福永・山田, 2011b、JWings, 2015a）。

⑤飛行艇

水上において主として艇体により重量を支える航空機が飛行艇である。海上自衛隊は救難用として飛行艇の運用を重視しており、我が国の旧川西航空機、現在の新明和工業は戦前以来、高い性能を持つ飛行艇を開発してきたことで知られている。

戦前期には軍は哨戒、偵察、爆撃、輸送、連絡用に使用したが、空港整備が不充分であり、大型緩衝装置付きの脚が実用化していなかったために長距離輸送や航空路線運航など民間機としても使用されていた。しかし、戦後空港が整備されるようになり、飛行艇のライフ・サイクル・コストは高いため、飛行艇の用途は消防、哨戒、捜索・救難などに限定されるようになった（川西, 2008、石丸, 2015）。

飛行艇（US-2、筆者撮影・航空自衛隊百里基地）

現在において飛行艇を製造することを可能とする技術を有する企業が存在する国は日本、カナダ、ロシアの３か国である（新明和工業ホームページ）。新明和工業において救難飛行艇 US-2 の開発を担当した石丸（2015）は、救難飛行艇に求められた技術的課題として、荒海で安定運用を可能とする艇体、着水衝撃を減少させるための極低速離着水、水飛沫による損傷防止策があることを指摘している。

（２）軍用機開発の要点としてのまとめあげる能力

前述のように、各種軍用機に求められる技術的特徴は多様である。しかし、軍用機一般の技術的特徴として「まとまりの良さ」が存在することを多くの関係者が指摘しており、軍用機を開発する場合、まとめあげる能力が開発の要になる（福永・山田, 2011a、福永・山田, 2011b、山田・福永, 2012）。

まとめあげる能力とは、機体技術、エンジン技術、アビオニクス、兵装などの様々な要素技術を使用目的に合致するように融合させることであり、軍用機開発の要となる能力である。福永・山田（2011b）が取材した川崎重工業の関係者は、一つだけ突出した技術は無駄であり、一つの「お粗末」な技術は全体の機能低下をもたらすことを指摘している。また、軍用機の使用目的は多種多様であり、使用目的が異なればまとめあげる方向性はたとえ使用する技術が同じでも異なっていることも指摘している。

例えば、炭素繊維複合材の使用は大型機では重量軽減に使用され、小型機では強度を上げるために用いられる。山田・福永（2012）が聞き取りを行った三菱重工業の軍用機開発関係者は、このような技術融合は単なる組み合わせではなく、「システムインテグレーション（すり合わせ）」が必要であり、防衛省・自衛隊側の要求が出た当初では具現化されておらず、試行錯誤を繰り返しながら達成していくことを指摘している。我が国の場合、軍工廠が存在しないため自衛隊が発注する軍用機の設計、開発、生産は軍用機製造企業が行っており、そのような企業にまとめあげる能力が求められている。

このようなまとまりの良さはレシプロ機時代から重要視されており、まとまりの良い軍用機を開発する要となる役割を果たすのが主任設計者（チーフエンジニア、プロジェクトマネージャー）である。ただし、山田・福永（2012）は、その役割はレシプロ機時代と現代とでは異なっている可能性を指摘している。例えば、零式艦上戦闘機の開発チームが30人規模であったのに対し、F-2 戦闘機の開発チームは発足当時約120名、最盛期には約330名の設計チームで行われていることに象徴されるように、現代ではプロジェクトが大規模化している。

また、戦前・戦中の軍用機開発の設計主任は「絶対的」な権限を有して基本設計を進めていたのに対し（前間, 2004）、山田・福永（2012）が取材した三菱重工業の関係者は、現在のプロジェクトリーダーは全ての技術のスペシャリストではないため、各々のスペシャリストやサブ・リーダーから情報を得ることが重要になっていることを指摘している。前間（2010）

は、プロジェクトの大規模化により、チームメンバーに隣接分野への関心が薄れ、分野間の境界部分での問題が発生する可能性を指摘している。そのような、「蛸壺化」による弊害を減少させることも現代の主任設計者に課せられた役割である。

また、現在の我が国における軍用機開発は主契約企業を中心として複数の航空機企業が参画して設計を行うことが常態化しており、そのような複数企業に在籍するチームメンバーを統括する役割も現代の主任設計者には課せられている。

２．我が国軍用機製造産業の現状と問題

（１）我が国航空機産業の現状

我が国の場合、軍工廠が存在しないため、軍用機に関する研究は官民双方で行われるが、軍用機の開発・生産を行うのは民間企業である。軍用機そのものを開発・生産するのは機体製造企業と呼ばれる企業である。我が国の主要な機体製造企業は、機体５社といわれる三菱重工業、川崎重工業、富士重工業、新明和工業、日本飛行機であり、そのうち日本飛行機は川崎重工業の子会社であり航空機関連事業が主な事業となっているが、他４社の航空機事業は多角化した事業の一部となっている。

また、航空機市場は大別すると軍用機市場と民間機市場に分かれるが、我が国の航空機製造企業は基本的に双方の市場に製品を供給している。

我が国の航空機産業の特徴としては、我が国の経済規模に比してその規模が極めて小さいことである。例えば、平成25年度の我が国の航空宇宙工業生産額は1兆7,000億円であり、同時期の米国の21兆4,100億円やフランスの6兆200億円と比較して極めて規模が小さい。また、我が国の自動車産業と出荷額を比較すると、2011年では自動車産業は航空機産業の約37倍の規模になっている（図表１）（日本航空宇宙工業会, 2014、日本航空宇宙工業会, 2015）。

また、平成25年（2013年）における防衛航空機と民間航空機の売上高を比較すると、防衛航空機は4,542億円であるのに対し、民間航空機は9,115

図表1　我が国の産業別出荷額（2010年／2011年）

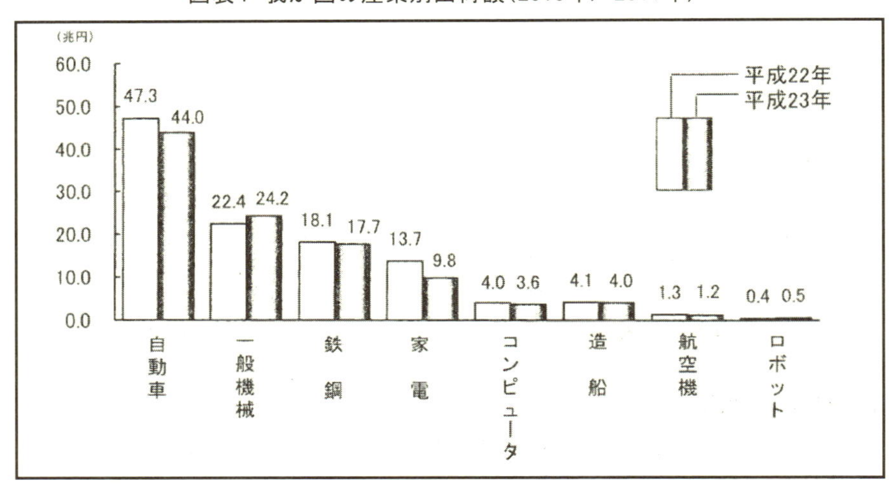

出所）日本航空宇宙工業会（2014）15頁。

図表2　我が国の防衛航空機・民間航空機別売上高の推移

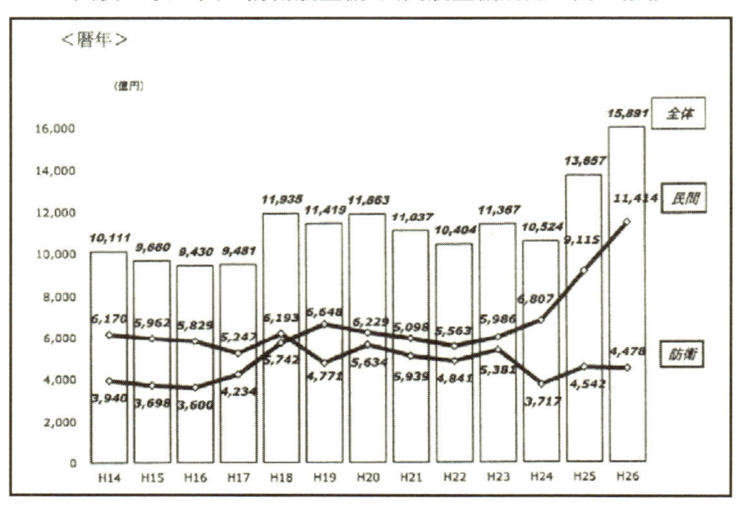

出所）日本航空宇宙工業会（2015）10頁。

億円であり、防衛需要の割合が低くなっている。民間需要が防衛需要を上回るようになったのは平成18年度以降のことである。これは民間航空機生産額が増加したことと、防衛予算の漸減傾向による新造機の数量減が影響していると考えられる。ただし、国内製造完成機を調達する予算は近年増加傾向にあるが、年度ごとの予算は平成27年度以降一括調達が可能になったことにより増減すると考えられる。P-1 哨戒機は平成27年度予算で20機が一括調達された（図表２、図表３）（日本航空宇宙工業会, 2014、日本航空宇宙工業会, 2015）。

図表3 防衛予算と航空機予算の推移

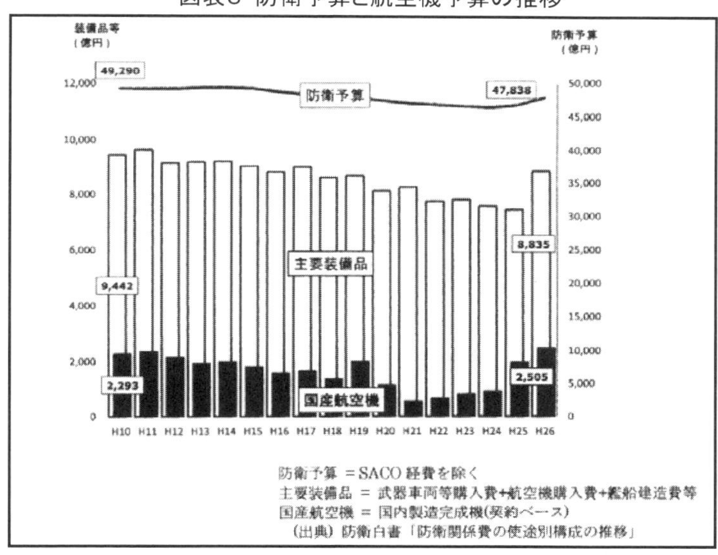

出所）日本航空宇宙工業会(2015)13頁。

（２）抑制された防衛費の影響と負の政治的要因
—防衛産業としての軍用機製造産業

では、我が国の航空機産業の規模が先進国の中で極めて小さい理由は何であろうか。中村（2012）が指摘するように航空機は軍事用・民間用を両輪として発達してきており、世界各国の航空機産業も防衛需要に依存し、我が国も図表２で示されるように、近年まで防衛需要比率が民間需要と比較して高い傾向にあった。しかし、基本的に戦後の我が国においては防衛費が抑制されており、武器輸出も長らく厳しい制限下にあり、軍用機も含めた防衛産業の規模が極めて小さく、それが航空機産業の相対的小規模性の要因になっている。ここでは防衛産業の面から軍用機製造産業の現状を考察する。

我が国の防衛産業は武器輸出三原則等の例外措置を除き、納入先は防衛省・自衛隊に限られてきた。また、防衛省・自衛隊が毎年装備品を購入する経費は2兆円程度とされるため、防衛産業の生産額も毎年2兆円規模であると考えられる。我が国工業生産全体額に対する防衛省向け生産額は1パーセント以下であり、防衛装備品を生産する企業の防衛需要依存度は全体で4パーセント程度である。大手防衛産業企業は一般的に防衛需要依存度が低く、防衛関係の仕事量の変動を企業側の負担で吸収する場合もある。しかし、中小企業の中には防需依存度の高い企業（依存度50パーセント以上）が存在し、防衛費の削減による防衛産業の縮小は依存度の高い中小企業への影響が大きい（防衛省，2010a、経済産業省，2010）。2011年に公表された防衛生産・技術基盤研究会の中間報告によれば、2003年以降少なくとも戦闘車両関連35社、艦船関連26社、戦闘機関連21社の企業が撤退、撤退を表明もしくは倒産した（防衛生産・技術基盤研究会，2011）。

現在の我が国には軍工廠が存在せず、防衛機器の生産基盤の大半は民間企業が担っている。そして、加工組立度が高く、数多くの中小規模の関連企業が存在している。例えば、戦闘機関連企業は約1,200社、護衛艦関連企業は約2,500社、戦車関連企業は1,300社も存在している。いずれの兵器も主契約企業が複数の「下請外注」企業に発注するという形で生産されている。また、航空機以外の兵器も製造するために特殊で高度な技術・技能が必要で、技能者の養成に多くの時間がかかることが特徴的である（防衛省，2010a）。戦車関連の「下請外注」を行う中小企業を取材した桜林（2010）は、受注が減少したことで、受注間隔が空き、熟練した技能を持つ従業員でも勘が鈍ることや、生産を中止した企業に代わって製作する品目数が増加した企業が存在することを指摘している。

このように我が国の防衛産業は防衛費の圧縮による危機的状況が発生しており、軍用機製造企業も民間機生産においては将来性が期待されているものの、軍用機開発・生産に関して見通しは必ずしも明るくない状況である。このような状況もあり、防衛省は防衛生産・技術基盤研究会を2010年に設置し、その中で武器輸出三原則等の取り扱いについても議論した（防衛生産・技術基盤研究会, 2011）。2014年4月に政府は武器輸出三原則等に代わる新たな原則として防衛装備移転三原則を策定し、平和貢献・国際協力の積極的な推進に資する場合や我が国の安全保障に資する場合に移転を認めるとした（経済産業省ホームページ）。

また、防衛省に納入された軍用機を民間転用し、輸出を可能にすることも検討されている。新明和工業が主契約企業となり開発された救難飛行艇US-2を元に消防飛行艇などを開発・生産し、海外へも輸出することや川崎重工業が主契約企業となったC-2やP-1を民間転用する案が検討されている（川西, 2008、谷内, 2008、防衛省開発航空機の民間転用に関する検討会, 2010）。なお、2014年6月に防衛生産・技術基盤戦略が決定されている（防衛省, 2014a）。

また、調達方法に関しても近年問題ある方法が採用されていた。それは2006年に「公共調達適正化について」という財務大臣通知がなされ、防衛装備品の一般競争入札が原則化したことに起因するものである（MSN産経, 2014）。このような通知がなされたのは現在の我が国において、官公庁が発注する事業・物品に関して「競争入札絶対主義」ともいうべき随意契約に批判的な意見が強く存在するためである。しかし、「競争入札絶対主義」を軍用機などの軍用品に当てはめるのは問題である。荒木（2012）は競争入札を行う前提として、過去に受注がなかった企業の場合にも、防衛省は技術的基盤があるものとして対応することになり、この場合、応札企業がはたして所定のレベルで軍用品を納入できるかは「賭け」になることを指摘している。2011年に防衛省が、作動しなかったことを理由に戦闘機用偵察カメラ開発に関する東芝との契約を打ち切り、訴訟問題になった。東芝は競争入札で選定されており、荒木はこの件は競争入札制度の問題点を露呈させたと述べている。ただし、その後与党や経済団体からの批判もあり、防衛大綱（平成26年度以降）において随意契約が可能な対象を類型化、明確化することとし、防衛生産・技術基盤戦略において随意契約の活用を明示した（MSN産経, 2014、防衛省, 2014a、防衛省, 2014b、山崎, 2014）。

この他、防衛装備品調達のコスト削減を目的として装備品の一括取得が平成27年度予算より可能になり、P-1 哨戒機が20機調達されることとなった（防衛省, 2014c）。桜林（2014）は一括調達は防衛産業企業にとり契約を結び直す労力の削減や不安定な状態からの解放という利点が存在するものの、物価変動時の対処や在庫の問題をはらむものであることを指摘している。

予算以外にも政治的な要因により不合理な意思決定をせざるを得ない事例も多々見られた。樋口（2014）は1964年の佐藤栄作内閣発足以降、いわゆる戦後的「平和主義」が政府内にも受容されるようになったことを指摘している。このような戦後的「平和主義」が我が国の軍用機取得に深く影響している。例えば、国産の C-1 輸送機は政治的な圧力により、航続距離が短くされ、性能上の問題となり、また短距離離着陸性に着目した諸外国より輸入の希望があったが、我が国の武器輸出禁止政策のため輸出不可能となり、同機の価格高騰の一因となった（前間, 2002、前間, 2005、嶋田, 2007）。鳥養（2006d）は国産 F-1 戦闘機開発が T-2 練習機開発に先行できなかったことは国産化への反対意見や懐疑的意見が米国、財政当局、防衛庁内局や航空自衛隊幹部の一部に強く存在し、練習機の国産開発にすら根強い反対意見がある中でいかなる戦闘機を開発すべきか、という議論を公式に行う状況にはなかったことが要因となっていることを指摘している。

F-4EJ 戦闘機は対地攻撃能力が「周辺諸国に脅威を与える」という政治的な指摘を受け、爆撃関連装置を搭載しないこととなったが、支援戦闘能力が低いという欠点を有することになり、能力向上改修で爆撃関連装置を復活させることとなった。しかし、これも国会で問題視する意見が出た（松崎, 2009）。FS-T2 改（F-1）の爆撃装置に関しても衆議院予算委員会において野党側委員が政府見解を批判した（久野, 2006c）。

（３）対米関係による制約

戦後の我が国の防衛問題、ひいては防衛産業・航空機産業を考察するうえで米国との関係が重要であることは明白である。そして、米国が我が国の軍用機調達に大きく影響を与えていることは、我が国の航空自衛隊の戦闘機が、国産開発を行った2機種を除いたらことごとく米国が開発したものであることからも明白である。

そして、特に我が国が軍用機の国産開発を行う場合、必ずしも好意的な反応があるとは限らず、厳しい対応を迫られた事例があった。戦後我が国が初めて開発したジェット練習機 T-1 の開発時も在日米軍軍事顧問団から米国機のライセンス生産が示唆され、要求性能の変更が行われた（久野, 2006a）。昭和40年代から顕著になる日米貿易摩擦と我が国の軍用機導入計画が関連付けられる傾向が見られるようになった。

T-2 や F-1 開発時にも T-38 練習機・F-5 戦闘機の輸入・ライセンス生産を行うよう米国側から政治的圧力がかけられた（鳥養, 2006d、樋口, 2014）。F-2 戦闘機は米 F-16 戦闘機を改造開発したものとなったが、それは日米貿易摩擦に関連付けられたことや米国側が我が国の技術に「懸念」を持ち純国産化に反対し、我が国に圧力をかけたためである（日本経済新聞, 2014、関, 2012）。

P-1、C-2 の開発に関しても米国からの圧力があった（前間, 2010）。ただし、米国からの「圧力」を受けたのは我が国ばかりでなく、英国軍用機製造企業にも見られた現象である（坂出, 2010）。

３．現在の我が国の軍用機開発・生産体制

（１）防衛省・自衛隊の軍用機開発体制

では、我が国の軍用機開発・生産体制はいかなるものであろうか。まず、現在の防衛省・自衛隊の軍用機開発体制について考察する＊3。戦後の我が国の再軍備は1950年の警察予備隊の創設から始まり、1952年には保安庁が発足、1954年に防衛2法が可決成立したことにより、防衛庁・自衛隊が発足した。2007年に防衛庁は防衛省に移行した。我が国の防衛力の整備は1957年から1976年までは1次から４次までの防衛力整備計画、1977年から

1984年までは防衛計画の大綱とそれに基づく防衛庁限りの五か年計画である中期業務見積り、1986年以降は防衛計画の大綱に基づく政府計画としての中期防衛力整備計画などに基づいて整備されてきた（田村・佐藤, 2008）。

軍用機をはじめとする自衛隊の装備品等の取得計画は現在の中期防衛力整備計画やかつての中期業務見積りといった中期的計画で示されている。例えば、F-2 戦闘機の開発は F-1 戦闘機が減勢すると見込まれることから、五六中業で支援戦闘機24機を整備することが示されたことで支援戦闘機の国内開発は可能であるかの検討により開始された。また、C-2（XC-2）輸送機は08中防で C-1 輸送機の後継機について必要な措置を講ずると記され、航空幕僚監部が1999年に運用構想書、運用要求書を策定開始したことから調査研究が開始された（航空自衛隊50年史編さん委員会, 2006）。

防衛省・自衛隊が今後取得する航空機の保有すべき具体的な機能・性能について検討し、最終的に軍用機製造企業に量産を行わせるまでの過程には各幕僚監部及び当該自衛隊の研究開発部隊、並びに防衛省技術研究本部が中心となって関わる。なお、2015年に防衛省設置法の改正により、防衛装備品の開発、取得、廃棄まで手掛ける防衛装備庁が発足したが、本研究が対象とする期間の大半はそれ以前の体制である。

各自衛隊の装備に関する研究開発を一元的に行う機関として、防衛装備庁発足以前は防衛省技術研究本部（以下技本）が存在した。技本は防衛省内の特別の機関で、1952年に設置された保安庁の付属機関の保安庁技術研究所がその前身である。同研究所は1954年に防衛庁設置法の施行により防衛庁技術研究所として改称された。同年、航空機・航空機用の機関性能に関する技術的試験を行う機関として航空試験場（現在の岐阜試験場）が浜松基地内に設置された。

1957年に1次防が閣議了解され、装備品の研究開発が促進されることとなった。そして1958年に防衛庁設置法の改正により、防衛庁技術研究所は防衛庁技術研究本部に改称され、組織・運営が大幅に改正された。2007年に防衛庁設置法の改正により防衛省技術研究本部と改称し、2015年に防衛装備庁に統合された（防衛庁技術研究本部, 2002、防衛省ホームページ、防衛省技術研究本部ホームページ）。

旧技本では開発に関する業務は装備体系ごとに陸上、船舶、航空機、誘導武器担当の各技術開発官が行った。その基礎となる研究は主として航空、陸上、艦艇、電子の各装備研究所並びに先進技術推進センターが行った。軍用機開発に関しては技術開発官（航空機担当）が中心となり開発が行われた。技術開発官の下には設計部門や製造設備が存在しないため、航空機の設計・製造は技本との契約によって軍用機製造企業が請け負った。なお、現在の防衛装備庁においては技術開発官と同等の役割を果たす装備開発官が存在している（航空自衛隊関係者の証言、防衛庁技術研究本部, 2002）。

（２）主要機体製造企業の概要

我が国において民間企業として軍用機開発・製造に中心的に携わるのが機体製造企業各社である。ただし、現在の航空機産業においては、エンジンは機体製造企業以外の企業が優位性を有しており、航空エンジン生産高ではジェネラル・エレクトリック社（GE)、プラット・アンド・ホイットニー社（P&W、ユナイテッド・テクノロジーズ社傘下)、ロールス・ロイス・ホールディングス社が3大メーカーである。そして我が国では IHI が航空機エンジンに関して優位性を有している（日本航空宇宙工業会, 2015)。この他、軍用機の開発製造には様々な企業が関わるが、軍用機の開発・生産を最終的に取りまとめるのが機体製造企業である。そして、戦後の我が国において軍用機開発・生産の中核を担ったのが4社の機体製造企業である。以下では、それらの企業の概要と来歴を示すこととする。

①三菱重工業

戦後の我が国において戦闘機開発の中核を担ってきた企業が三菱重工業である。同社は平成26年度の売上高が3兆9,921億円であり、そのうち防衛・宇宙ドメインの売上高が4,839億円となっている。同年度の同社の最大ドメインはエネルギー・環境ドメインであり、１兆5,995億円であった。なお、同社の民間航空機事業は交通・輸送ドメインに分類され、同ドメインの平成26年度の売上高は5,295億円である（三菱重工業ホームページ)。

三菱重工業は1884年に岩崎弥太郎が政府より工部省長崎造船局を借り受け造船事業を開始したことにより創立された企業であり、1934年に三菱重工業となっている。同社において、海軍初の国産制式戦闘機である一〇式艦上戦闘機や零式艦上戦闘機、一式陸上攻撃機、一〇〇式司令部偵察機などが開発された。大東亜戦争後は連合国軍最高司令官総司令部主導の下に行われた財閥解体を目的とした、過度経済力集中排除法に従って、西日本重工業、中日本重工業（後の新三菱重工業）、東日本重工業の3社に分割された。そして1964年に再合併し、三菱重工業となった（三菱重工業ホームページ）。

②富士重工業

富士重工業は現在、無人機開発に関するコンピタンスを有しており、また戦後の我が国初の国産ジェット練習機 T-1 を開発したことでも知られている（富士重工業ホームページ）。同社の売上高は平成27年3月期実績で2兆8,779億円、そのうち航空宇宙カンパニーの売上高は1,428億円であった。ちなみに同年のスバル・オートモーティブビジネス部門の売上高は2兆6,990億円、産業機器カンパニーの売上高は290億円であった（富士重工業ホームページ）。

富士重工業の前身は終戦直前時に製造機数では我が国最大の軍用機製造企業であった中島飛行機（終戦時は国家管理により第一軍需工廠）である。同社は中島知久平が1917年に創設した飛行機研究所により始まり、1931年に中島飛行機となった。同社は我が国初の国産量産機である中島式五型複葉機（陸軍機）をはじめ、一式戦闘機隼、艦上偵察機彩雲、特殊攻撃機橘花などを開発したことで知られている（富士重工業ホームページ）。

戦後、同社は軍需会社や財閥を解体する連合国軍最高司令官総司令部の政策を受けて12社に分割された（中島飛行機は終戦後富士産業と改称している）。富士重工業株式会社社史編纂委員会（1984）は中島飛行機が航空機専業企業であったため、多角化していた他の軍用機製造企業と比較して民需転換に苦心したことを指摘している。1953年には分割された企業5社が出資して富士重工業が設立され、1955年に富士重工業は出資5社を吸収合併した。富士重工業株式会社社史編纂委員会（1984）は航空機製造の再開は合併の「旗印」になった反面、航空機に傾斜しすぎないように歯止めをかける必要があることや航空機以外の民需を同社の基幹部門として開拓していくことも出資企業間で合意されたことを指摘している。なお、2015年現在、同社の筆頭株主はトヨタ自動車である。

③川崎重工業

川崎重工業はP-1 哨戒機、C-2 輸送機の国産開発を手掛けたことから我が国において大型軍用機に優位性を持つと目される企業である。同社の平成26年度の売上高1兆4,681億円、航空宇宙事業の売上高は3,250億円である。なお、同時期の売上高の最高額を示した同社事業はモーターサイクル&エンジン事業で3,292億円であった（川崎重工業ホームページ）。

川崎重工業は創業は1878年に川崎正蔵が川崎築地造船所を開設したことに始まり、1896年に川崎造船所となっている。1918年に兵庫工場に飛行機科が設立され、1922年には同社初の航空機である陸軍乙式一型偵察機（サルムソン 2A-2）の製造に成功している。航空機事業は1937年に川崎航空機工業として分離された。同社は戦前・戦中を通じて陸軍機を製造していた。同社が戦前・戦中に開発・生産した主要な軍用機は三式戦闘機飛燕、九九式双発軽爆撃機、五式戦闘機などである。終戦後、航空禁止を契機に民需生産に転換し、企業再建整備法により川崎都城製作所、川崎機械工業、川崎岐阜製作所の三社に分割された。1954年に分割された川崎機械工業、川崎岐阜製作所が再合併し、川崎航空機工業が再発足した。川崎航空機工業は1969年に川崎重工業、川崎車輛と合併し、川崎重工業となっている（川崎重工業, 1986、川崎重工業, 1997、川崎重工業ホームページ）。

④新明和工業

新明和工業は飛行艇に優位性を持つことで知られる企業である。同社の平成27年3月期の売上高は1,931億3,100万円であり、同社の航空機部門の売上高は411億4,300万円であった。同時期の売上高の最高額を示した同社事業は特装車事業であり、売上高847億7,500万円であった（新明和工業ホームページ)。

新明和工業の前身は川西清兵衛・龍三により1920年に設立された川西機械製作所であり、1928年には川西航空機となった。同社において二式飛行艇や紫電改局地戦闘機などが開発された。戦後、1949年に企業再建整備法による企業再建整備計画により新明和興業となった。1960年に日立製作所グループの傘下に入り、新明和工業と社名変更した。2004年に日立製作所グループから離れている（新明和工業, 1979、新明和工業ホームページ)。

このように現在の我が国の軍用機製造企業は現状ではいずれも多角化した事業の一環として航空機製造・軍用機製造を行っている。また、いずれも軍用機・航空機の開発・生産に携わることを開始してから長い年月を経ていることも指摘できる。ちなみに、先進諸国の航空宇宙産業企業の2013年の売上高はボーイング社が86,623百万ドル、ロッキード・マーチン社は45,358百万ドル、旧 EADS 社（現エアバス・グループ）が78,672百万ドルとなっており、三菱重工業は34,329百万ドルであった（日本航空宇宙工業会, 2015)。

4．我が国軍用機製造産業の歴史と歴史的観点から見た問題点

（1） 我が国の航空機産業の歴史

軍用機製造を含めた我が国航空機産業の現状の規模は他の先進諸国と比較して極めて小さいことが指摘できる。しかし、大東亜戦争以前の状況は極めて異なっていることも知られている。航空機による初飛行は1903年に米国ライト兄弟により製作されたフライヤー１号によってなされたと考えられており、我が国での航空機の初飛行は1910年に東京代々木の練兵場で徳川好敏陸軍大尉のアンリ・ファルマン式複葉機と日野熊蔵陸軍大尉のハンス・グラーデ式単葉機によって成し遂げられている。その直後の1911年に臨時軍用気球研究会という公的な団体により開発された臨時軍用気球研究会式一号機（会式一号）が製造されている*4。その開発は徳川好敏を中

心として行われた（半田，2010、水谷，2015)。日本航空宇宙工業会（2003）は我が国に航空機産業が存在すると認められるようになったのは1930年前後のことであり、我が国の陸海軍は航空機開発・生産のため惜しみなく経費を負担したことを指摘している。

そして、1931年には年間400機弱であった航空機生産が1941年の大東亜戦争開戦時には年間4,800機、1944年には年間約25,000機に達し、我が国の航空機産業の規模は終戦時には米・ソ・独・英に次ぐもので従業員100万人、機体製造企業12社、エンジン製造企業7社の規模にまで達した。また規模だけではなく、軍用機転用機である神風号（九七式司令部偵察機）による欧亜連絡飛行の成功（1937年)、ニッポン号（九六式陸上攻撃機）による世界一周飛行の成功（1939年）などによる記録の樹立が行われ、零式艦上戦闘機、二式飛行艇、三式戦闘機飛燕、一式戦闘機隼など高く評価されている航空機を開発し、ジェット機橘花やロケット機秋水が終戦直前に初飛行に挑戦していることに見られるような先進的な航空機技術を有していたことも指摘できる。

二式飛行艇（筆者撮影･海上自衛隊鹿屋航空基地史料館）

我が国には陸海軍の工廠が存在したが、航空機に関しては大東亜戦争末期時点では大半の航空機は民間企業で製造されている。ただし、戦前・戦中の我が国の航空機産業においては4発爆撃機、4発大型輸送機、エンジンなどは先進国レベルには至っていなかった。部品工業は未発達、米国で発達していた生産管理（品質管理、規格の統一、コスト分析）なども遅れていたため、大量生産能力が欧米先進国と比較して劣っていた（日本航空宇宙工業会, 2003、熊谷, 2007）。

終戦後、我が国を占領した占領軍は我が国の陸海軍並びに軍需産業を解体することを目論み、その一環として航空機に関する生産、研究、実験を禁止する覚書を1945年に発表し、模型飛行機の飛行すら禁止した全面的な航空禁止措置が1952年に連合国軍最高司令官総司令部が「兵器、航空機の生産禁止令」を解除するまで続いた。この他、いわゆる「財閥解体」政策において多くの航空機製造企業が分割された。このような状況下になったため、多くの航空機関係者が失職し、他の産業に従事することとなった（日本航空宇宙工業会, 2003）。

航空禁止措置が解除された我が国の航空機製造企業には、概して米軍機のオーバーホールと修理が発注された。また、航空再開と同時に様々な小型機の試作がなされたが、航空機産業の再建に最も貢献したのが、自衛隊による航空機の発注であった。まず米国機のライセンス生産が行われ、その後、軍用機の国産開発もなされ、現在に至るまで我が国において各種の軍用機が国産・ライセンス生産の形で開発・生産された。また、民間需要に対応するために中型輸送機 YS-11 の開発・生産が官民挙げてのプロジェクトで行われ、1962年に初飛行を行った。

民間機分野では1973年に発足した民間輸送機開発協会（CTDC）が1978年に米ボーイング社と B767 旅客機の事業契約を結び、同機の様々な部位の生産が行われた。半田（2010）は B767 の生産により、アルミニウム合金製胴体製造技術の習得や翼胴フェアリングと主脚ドアの開発による複合材成形加工技術などの習得が図られ、大型設備を導入したことで機体生産基盤が向上したことを指摘している。その後も B777 旅客機プロジェクトへの参加、エアバス社 A380 旅客機やボーイング社 B787 旅客機のプロジェクトの参加などが行われた。

このように現状の我が国の航空機産業は先進国の中では規模が極めて小さいが、重要な産業であることも認識されている。例えば、産業構造審議会産業競争力部会（2010）の報告書では航空機産業は裾野が広く、他産業

YS-11（筆者撮影・所沢航空発祥記念館、取材協力・所沢航空発祥記念館）

への技術波及が期待でき、防衛産業基盤であることを理由に今後重視すべき産業の一つであることが指摘されている＊5。民間機に関しては欧米企業主導でのモジュール単位での外注が増加してきており、我が国は炭素繊維複合材などの素材関連技術に強みがあり、品質管理や納期厳守に定評があるため、高い品質を必要とする部位を我が国の企業に発注する傾向が定着している。例えば、B787 には我が国の企業により機体の35パーセント、エンジンの15パーセントが供給され、三菱重工業は主翼、川崎重工業は前胴、富士重工業は中央翼をメガサプライヤーとして供給する役割を担った（日経産業新聞, 2011）。

ただし、航空機製造企業にとり本当に組織能力を向上させるものは航空機の独自開発であり、今後我が国において航空機産業の成長を見込むなら、軍用機の国産開発以外に民間機の国産開発が求められる。そこで現在、三菱重工業は系列の三菱航空機において Mitsubishi Regional Jet（MRJ）を開発・生産しており、本田技研工業は小型ビジネスジェット機 Honda Jet を開発・生産している（本田技研工業ホームページ、三菱航空機ホームページ）。また、国産軍用機の輸出や民間転用も計画されている。

（２）戦後の我が国の軍用機製造企業が直面した歴史的制約条件

現在に至る戦後の我が国の軍用機製造企業を含めた航空機産業を考察す

るうえで要点となるのが7年間の空白期間の影響である。日本航空宇宙工業会（2003）は終戦から7年間は我が国の航空機工業が全く存在していない状態であると評している。また、大東亜戦争末期に実用化されたジェットエンジンは戦闘機の性能向上をもたらし、我が国に航空禁止措置が採られている7年間の間に戦勝国の航空技術は飛躍的に高まったことも指摘している。つまり、戦後の我が国の航空機産業は「圧倒的な技術格差」（日本航空宇宙工業会, 2003、3頁）の下で再出発を図らなければならなかったのである*6。

ただし、それが現在に至るまで影響を与えているという説に対して、中村（2012）は疑問を呈している。それは我が国の航空機産業と戦後類似した状況に置かれたドイツの航空機産業が我が国の3倍以上の規模を有していることや、ブラジルや中華人民共和国のように航空機産業の萌芽が戦後であっても有力な航空機産業を有する国が存在するためである*7。中村が指摘するように、現在の航空機産業の規模の小ささの説明要因として7年間の空白期間を強調する説は説得力が薄い面がある。しかし、戦後の我が国の軍用機製造企業が復興する過程に着目した本書においては極めて重要な事態であると考える。

また、戦前・戦中我が国の軍用機製造産業の規模が相対的に大規模であった時代からの問題があった。それは大型航空機やエンジンそして生産管理・品質管理面での遅れである。特に生産管理・品質管理は第2章で示すように極めて遅れていたが、これは軍用機製造産業に限らず我が国の多くの産業で見られた現象でもあり、戦後の我が国の軍用機製造産業はこのような側面をも克服する必要があった。

注

*1 2004年に決定された平成17年度以降に係わる防衛計画の大綱から要撃戦闘機部隊と支援戦闘機部隊の区分がなくなった（青木, 2010a）。

*2 F-22、F-35 両機の開発を担当したロッキード・マーチン社では「第五世代戦闘機」という用語の商標登録を行っている（浜田, 2010）。

*3 本節を執筆するに当たっては航空自衛隊関係者からアドバイスを受けた。

＊4 水谷（2015）は森田新造や奈良原三次などの民間人が開発した国産機のほうが会式一号より早く飛行を成功させた可能性を指摘している。
＊5 航空機産業の波及効果に関しては、防衛省（2010a）や経済産業省（2010）を参照のこと。我が国の場合、戦後航空禁止となった後の自動車産業や日本国有鉄道などに移籍した元航空機技術者による技術やマネジメント方法などの移転が発生したことも指摘できる。例えば、藤本（1997）は1950年代から60年代にかけて活躍した自動車技術者の多くは航空機分野出身であることを指摘している。トヨタ自動車に航空機の開発方法であるチーフデザイナー制度を紹介したのは元立川飛行機の長谷川龍雄（初代カローラの主査）である。国鉄の鉄道技術研究所（現在の鉄道総合技術研究所）は終戦後多くの陸海軍の技術者を採用した（青田, 2009)。また、戦前・戦中に航空機産業で開発された工程管理方式である「推進庫生産方式」は戦後日本能率協会を通じて「推進区制方式」として多くの産業に伝播した（和田, 2009)。
＊6 ただし、第2章で示されるように技術面では戦前・戦中の蓄積が一部航空再開後以降の基盤となったという指摘がある。
＊7 ドイツは10年間航空機関連の活動が禁止されていた（中村, 2012)。

第2章

戦後空白期からの復活
－軍用機技術の流れと軍用機国産化への挑戦－

我が国の軍用機製造企業が航空再開後に直面した問題は空白の7年間の問題である。今日まで影響がある防衛政策上の混乱や、対米関係の問題も当時からすでに存在している。また、我が国の多くの産業と共通した問題点として戦前・戦中の我が国の軍用機製造企業は生産管理に関して他の先進諸国と比較して後れを取っていた。そこで、本章では航空再開後から主要軍用機製造企業が軍用機関連事業を再開し、本格的にジェット軍用機の開発を行うに至った昭和40年代までの動向を考察する。

1．空白の７年間の前後の軍事動向と航空機技術

我が国は1945年から1952年まで航空機に関する空白の7年間の時期を体験するが、その間に軍用機のジェット機化が進展し、航空再開後の我が国の軍用機製造企業は技術格差の克服が求められたことが指摘されている。そこで、本節ではまず、我が国の空白の7年間の前後の軍事並びに航空機技術の動向について考察し、航空再開後の我が国軍用機製造企業が直面した技術格差について考察する。

（１）東西冷戦の勃発と軍用機

東西冷戦が勃発して初めての危機はベルリン封鎖（1948年から1949年）であるが、米空軍は輸送機を動員した空輸作戦により、ソ連の封鎖を無効化した。源田（2008）はベルリン封鎖により米空軍は大型輸送機や高精度管制技術の重要性を実感し、それらの開発を進めたことを指摘している。また、東西冷戦の勃発以降、米国は「封じ込め戦略」を実行するためにソ連領内に進攻し戦略目標の核攻撃を可能とする大型爆撃機 B-36 を開発・配備した。B-36 は戦時中に開発を始めた爆撃機であり、6基のプラット・アンド・ホイットニー社製レシプロエンジン R-4360 を搭載したレシプロ機である。1949年にはソ連が原子爆弾の実験に成功し、ソ連の爆撃機が米本土に進攻する可能性が明白になった。その意図を阻止するために全天候ジェット戦闘機 F-89 や F-94 が開発配備された（源田，2008、河津，2009、

山内, 2008)。

1950年6月に朝鮮戦争が勃発した。米軍は B-29 爆撃機などを用いて北朝鮮側の重要目標に爆撃を行い、その爆撃は極めて効果的であったが、同年10月に中華人民共和国軍が参戦すると中共側の MiG-15 ジェット戦闘機は脅威となった。MiG-15 は英国より購入したロールス・ロイス社製ジェットエンジンを国産化・改良したジェットエンジンを搭載し、後退翼を有した戦闘機である（藤田, 2003、源田, 2008、飯山, 2011）。

史上初のジェット戦闘機間の空戦は1950年11月8日に米 F-80 戦闘機と MiG-15 戦闘機の間で発生した。源田（2008）は空戦の結果、上昇性能・加速性能に優れた MiG-15 が有利となったことを指摘している。これは鳥養（2002a）が指摘するように、国連軍側がソ連側の後退翼ジェット戦闘機の開発成功や、それを極東に大量に配備していることを予想していなかったことによるものである。

米軍は、MiG-15 に対抗するために配備間もない後退翼を有する F-86 戦闘機を投入した。米軍には大戦を経験した熟練パイロットが多数存在し、飛行訓練が充実していたこともあり、F-86 が MiG-15 を圧倒した。また、後に F-86F 戦闘機は我が国においてライセンス生産された（松崎, 2002、源田, 2008）。ただし、米海軍は MiG-15 に対抗できる戦闘機を有していないことも判明し、超音速艦上戦闘機の開発が促された（松崎, 2015）。1951年ごろから外国軍用機による北海道上空への領空侵犯が頻発し、1952年10月には在日米空軍 B-29 が根室北東海上でソ連軍機により撃墜された（航空自衛隊50年史編さん委員会, 2006）。

海上兵力に関しては1954年に米海軍が世界初の原子力潜水艦ノーチラス SSN-571 を進水させ、1957年にはソ連海軍も627型（ノーヴェンバー級）を進水させた。原子力潜水艦はそれ以前に就航していた潜水艦と異なり、長期間潜航が可能であり、発見が著しく困難になった（野木, 2008）。また、米国は弾道ミサイル搭載原子力潜水艦ジョージ・ワシントン SSBN-598 を1959年に就役させている（山内, 2015）。

（2）ジェット機化と後退翼技術

ジェット推進の概念は本格的にジェット機が導入される以前から知られており、ガスタービン動力ジェット推進飛行機の初飛行は1939年に独・He178 によって成し遂げられている。また、世界初の実用ジェット戦闘機は1944年に実戦に投入された独・Me262 戦闘機である。ジェット機ではないが、ロケットエンジンを搭載した米・XS-1（X-1）が1947年に世界初の超音速飛行に成功した（ただし、その事実の公表は1948年6月であった）（鳥養，2002a、青木，2010b、アンダーソン，2013）。アンダーソン（2013）はXS-1 の超音速飛行はライト兄弟の飛行以来最も重要な出来事であり、これにより航空工学の第二期黄金時代の幕が開いたとし、その時代はジェット推進式飛行機の時代と一致するとしている。

ただし、高速時に衝撃波の問題が発生するが、それを回避するための方法として後退翼が考案された。後退翼の理論は1935年にドイツのアドルフ・ブーゼマンにより発表されたが、ドイツ空軍以外からは無視され、1936年にはドイツが機密扱いとした（アンダーソン，2013）。1945年5月にドイツの航空機技術を調査するために派遣した米国の技術者により、後退翼に関するデータが発見され、そのデータは B-47 ジェット爆撃機と F-86 ジェット戦闘機の開発に活用された（鳥養，2002b、アンダーソン，2013）。

（3）大型ジェット軍用機の登場

1943年から1944年にかけて米陸軍航空隊は4発ジェット爆撃機の開発を軍用機製造企業に促し、ボーイング社、ノースアメリカン社、コンソリデーテッド・ヴァルティ・エアクラフト社、マーチン社が爆撃機の開発を開始した。各社は直線翼を有する設計を行ったが、ボーイング社の設計陣はドイツよりもたらされたデータにより、設計変更を行い、後退翼を有したジェット爆撃機であるXB-47 を開発した。同機は1947年に初飛行を行い、当初熱意を示さなかった米空軍は同機を購入することとなり、B-47 爆撃機となった（藤田，2011、アンダーソン，2013）。

アンダーソン（2013）は B-47 の後退翼と主翼から吊り下げられたポッド式エンジンは当時としては画期的であったが、現在のジェット旅客機の標準的な構造になっていることを指摘している。また、同機の設計の成功は初期段階から風洞を大規模に用いたことも挙げられている。ボーイング社は1941年に大型高速風洞を建設したが、それは当時のボーイング社が想定した速度より速い音速に近い速度でも用いることが可能であるものであった。

その後、全長約48メートルのボーイング B-52 爆撃機が開発され、1952年に初飛行を行っている。同機は搭載能力・航続性能に優れ、当初のターボジェットエンジンをターボファンエンジンに変更した B-52H は2040年代まで使用される予定である（河津, 2009、青木, 2011a）。1952年にボーイング社の経営陣はジェット旅客機の試作機製造を決定し、試作機である B367-80 は1954年に初飛行を行っている。同機の開発が決定された当時ジェット旅客機としては英・デ・ハビランド・エアクラフト社製 DH.106 が先行して存在し、1952年から定期航空路に就航したが、1954年に2度の墜落事故を起こしている。B367-80 を元に軍用輸送機 C-135 や空中給油機 KC-135 も開発され、また B-707 旅客機が開発されている。B-707 の成功はボーイング社が世界有数の旅客機製造企業の地位を得るきっかけとなった（サッター, 2008、青木, 2009a、アンダーソン, 2013）。

（４）米軍におけるＭＩＬ規格の導入

大戦中より米国は兵器生産において品質管理を本格的に導入し、1941年に米軍戦時規格 Z1.1（Guide for Quality Control）、Z1.2（Control Chart Method of Analyzing Data）、1942年に Z1.3（Control Chart Method of Controlling Quality During Production）を制定、導入している（相澤, 1997）。相澤（1997）は、同時期の我が軍においては一部数学的手法が電子管などに適用されていたが、日米間の品質管理に関して大きな差があったことを指摘している。

戦後、米空軍はスタンフォード大学に品質管理の要求、審査技法の研究を委嘱し、その成果として1950年に MIL-Q-5923 が制定され、航空機調達に関して適用されることとなった。MIL-Q-5923 は1951年に MIL-Q-5923A、1952年に MIL-Q-5923B、1956年に MIL-Q-5923C に改定されている（相澤, 1993、相澤, 1997）。

2．航空再開までの主要企業の経緯と主要軍用機製造企業の開発・生産の本格化

前節で考察したように、我が国の「航空空白期」ともいうべき期間に米国をはじめとした諸国において航空機技術や軍事技術の相当な発達が見られた。しかし、我が国において航空再開後ほどなくして、F-86F 戦闘機や T-33A 練習機のライセンス生産や T-1 練習機の国産開発が可能となっている。そこで、まず、我が国の主要な軍用機製造企業各社の終戦後から航空再開後、航空機の開発生産の本格化までの動向を考察する。

（1）富士重工業

中島飛行機の分割により生まれた企業の一社である大宮富士工業は航空再開後、1953年より通商産業省の補助金を得てジェットエンジン JO-1 の開発を開始した。同エンジンに関する業務は富士重工業、富士精密工業、新三菱重工業、石川島重工業により設立された日本ジェットエンジンに引き継がれた。また、宇都宮車輌は航空再開を受けて1953年から宇都宮飛行場の修復を実施し、滑走路や格納庫を整備した（富士重工業株式会社社史編纂委員会, 1984）。

そして富士重工業設立後の1954年に富士重工業においてプロペラ練習機 T-34 の生産が開始された。同機の生産は、当時の航空自衛隊の操縦教育が T-34（第1初級操縦課程）→ T-6（第２初級操縦課程）→ T-33（ジェット基本操縦課程）→ F-86（戦闘操縦課程）という体系になっており、その中で使用されるプロペラ練習機は国内で生産を行いたいという通商産業省の意向を反映したものであった。また業界団体の航空工業懇話会（後に日本航空

宇宙工業会）が通商産業省の後押しもあり、国内生産を要請している。

T-34 の採用、生産決定のために活動した中心的な人物は中村止伊藤忠商事航空機部長（元海軍中将・第21航空廠廠長）であったが、中村が同機の採用を推し進めたのは同機が当時の最新機であったためである＊1。1953年には T-34 の購入が伊藤忠商事並びに富士重工業に伝えられたが、第1次分の契約が行われたのは1954年年初であった。これは大蔵省が購入機数の少なさや我が国の航空機産業の将来展望が不明確であることを理由にして輸入することを主張したためである（久野, 2006a）。

富士重工業は T-34 を開発した米ビーチ・エアクラフト社から技術指導を受け、米軍規格 MIL-Q-5923B による品質管理を行っている。また、「米国式生産方式」による作業能率の向上や作業均質性の実現や当時の先進的な技術である金属分析や表面処理などの化学的技術、実験・検査技術、無線機器技術などを学習した（富士重工業株式会社社史編纂委員会, 1984）。また、その後現在に至る自衛隊用プロペラ練習機の大半、例えば海上自衛隊の T-5 練習機や航空自衛隊の T-3 練習機、T-7 練習機などの開発・生産を同社が行っている（富士重工業ホームページ）。

（２）新三菱重工業

三菱重工業は造船など多角的に事業を行っており、また当時の経営者たちが航空機産業の将来性を見込んでいたため、航空機技術者や設備を残すことが可能であった。当時の玉井喬介社長は「整理不徹底」との批判を受けながらも航空機産業の将来性を見通し社長の独断で航空機工場の施設や人材を残すという決断を下した。分割された1社である新三菱重工業は1953年に航空機部を設置し、同年完成した小牧飛行場に隣接した小牧工場で米軍機の機体修理を開始した（三菱重工業, 1956、名古屋航空機製作所25年史編集委員会, 1983、日本航空宇宙工業会, 1987、前間, 2002、日本航空宇宙工業会, 2003、三菱重工業ホームページ）。

そして1956年から新三菱重工業においてジェット戦闘機 F-86F の生産が開始されることとなった。中川（1971）によれば防衛庁の国防方針や大蔵省の予算が決定される以前に米極東空軍司令部より内密に新三菱重工業側に F-86F の生産計画を立てるよう指示があった。新三菱重工業は当初航空機生産再開へ慎重ともいえる姿勢をとっていたが、同機の国産化計画が決定し、追加受注がほぼ確実視された時点で本格的に航空生産再建を図ることが決定された。

1955年には F-86 を開発したノースアメリカン社から技術者の派遣が開始され、1956年には派遣技術者7名による技術指導訓練が行われるようになった。また1955年から1956年にかけて新三菱重工業はノースアメリカン社で生産準備調査を行った。その視察団長である守屋学治（後に三菱重工業社長）は詳細に調査を行った結果、新三菱重工業側の考えが全く及ばなかったことはなく、同社が有していた知識がノースアメリカン社とそう違っているものはなかったが、品質管理並びにマニュアル化（Standard Operation Procedure、S.O.P）は新三菱重工業が有していた知識とは全く違ったものであったことを証言している。

例えば、戦前の我が国の軍用機製造企業では航空機製造の最終段階で企業側の検査官と官の検査官が二重に検査を行う方式が採用されており、いわゆる品質管理や「品質を作り込む」という発想がなかったため、検定を受け能力が保証された作業者が、検定を受けた間違いのない機械設備でマニュアル通りの仕事をするというノースアメリカン社の作業方法は極めて革新的であった。また、品質管理は個々の作業者の責任であるという発想も極めて画期的であり、それを新三菱重工業内に定着させるのが問題であった*2。

そこで同社では毎朝勤務時間前に小集団で安全教育を行っていたため、品質管理の発想を伝播する小集団活動も同時間内で行うこととし、工場改善の工夫も導入した。また、守屋は昔取った杵柄は捨てるように命じ、謙虚に学習することを促している。ノースアメリカン社から生産管理上の技術資料は入手できたがそれを直訳しても意味が理解できない場合が多く、ノースアメリカン社駐在員に意味を解説してもらうということを多々行った（名古屋航空機製作所25年史編集委員会，1983、三菱重工業，1988、福永・山田，2010、福永・山田，2011a）。

福永・山田（2010）が取材した三菱重工業関係者は、F-86F 生産時にノースアメリカン社から学習した品質管理の知識はその後に F-104J 戦闘機のライセンス生産時に導入されたロッキード方式の品質管理とともに現在の「三菱標準」を形成するうえでの基盤となっており、その背景には MIL 規格が存在していることを証言している。

また、1956年に名古屋航空機製作所が設立され、同製作所には F-86F 国産計画分を含めて50億円の投資が行われ、総員3,785名（職員979名、一般工員2,019名、臨時工787名）の人員が配置された。この投資に関して名古屋航空機製作所25年史編集委員会（1983）は航空機事業を将来の基幹事業と見なした同社経営陣の「大英断」（25頁）であったと評している。F-86F の第1号機は1956年に完成した（名古屋航空機製作所25年史編集委員会, 1983、福永・山田, 2010）。

（３）川崎航空機工業

川崎航空機工業では1945年11月に同社の設計部門、研究部門の大半の従業員が退社した。航空機再開後は米軍機のオーバーホールを行っている。また、1952年には川崎岐阜製作所に航空企画室が設立され、KAL-1 型連絡機の設計が行われ、1953年に同機は初飛行を行った。この設計に関し、土井（1989）は自社のリスクで小型飛行機の設計試作を行ったことを指摘している（川崎重工業, 1986、土井, 1989、川崎重工業, 1997、川崎重工業ホームページ）。

川崎岐阜製作所は1953年、ジェット機の将来性に着目し、ロッキード社に技術提携の希望を申し入れた。この申し入れにより T-33A 練習機のライセンス生産が可能になった。T-33A は米国初の制式ジェット戦闘機 P-80 を元にした複座練習機であり、1948年に初飛行を行った練習機である。同機は26か国に供与された。同機のライセンス生産を行ったのは我が国とカナダであった。初号機は1955年10月に生産開始となり、1956年1月に完成し、初飛行を行った。同機は210機が生産された（川崎重工業, 1986、日本航空宇宙工業会, 1987、土井, 1989、日本航空宇宙工業会, 2003、福永・山田 ,

2011b、日本航空宇宙工業会, 2014)。

川崎重工業の航空技術者であった土井武夫は同機は機体の構造は戦時中のものとあまり変わらず、量産治具は戦時中独・ヘンシェル社の工場で使用した鋼管治具と同じ方式であったが、電気電子装置に格段の進歩が見られていることを指摘している（土井, 1989)。

（4）新明和興業

川西航空機は戦時中7万人余りの規模であったが、終戦後は3,500人程度となった。ただし、40数名の設計員は同社に留まっている（木方, 2008)。新明和興業は1950年に米軍用燃料タンク並びにフィンを受注し、同年12月に実質的に航空部門が再開した。このような米軍用航空機備品の生産のために、同社は工場を修復し、従業員を雇用し、工作機械等を購入した。品質管理には MIL-Q-5923 が適用された。新明和工業（1979）は米軍用航空部品の互換性は戦前の板金部品公差の概念を覆したと指摘している。また、海上自衛隊 S-51 ヘリコプターのオーバーホール、川崎航空機工業が発注した T-33A 用の治具の製作なども行っている（新明和工業, 1979、新明和工業ホームページ)。

同社は海上保安庁に対し航空機関連業務の受注希望を陳情していたが、海上警備隊（後の海上自衛隊）が対潜哨戒機の採用を検討し、その候補としてロッキード社 P2V-7 対潜哨戒機が取り沙汰されていることを受けて、同機の資料収集を行い、国産化担当を申し出ることを決定した。そのために建設中の伊丹工場の格納庫の大扉や軒高を改造している。1954年に「P2V 年産三十五機所要設備資金計画」を関係官庁に提出した。その後、同機の導入の可能性が高まったことから1956年にロッキード航空機海外事業会社から国産化計画のための資料を2万5,000ドルで購入した。

このような背景があったことから他航空機製造企業、海上幕僚監部、ロッキード社、米海軍関係者などは新明和興業がライセンス生産において主契約企業となるものと考えていた。しかし、1957年に同機の主契約企業は川崎航空機工業、協力企業を新明和興業とすることを通商産業省が決定した。

新明和工業（1979）は、新明和興業の人員、資金的な問題（日立製作所グループ傘下になる以前であった）、川崎航空機工業の場合若干の設備投資で生産が可能であると思われたこと、我が国の航空機製造企業を3社体制とするのか4社体制とするのかの政策的議論が不明瞭であった点などが新明和興業が主契約企業とならなかった理由であると指摘している。

また、運輸省から交付された昭和31年度科学技術研究補助金により「中距離中型輸送機の安全性に関する研究」を行った（前間, 1999、碇, 2004）。この研究は後の YS-11 中型輸送機開発につながるものとなり、碇（2004）は、PS-1 飛行艇の設計主任となる菊原静男はこの研究を行ったことで航空機設計の基礎訓練ができたと評したことを指摘している。

３．ジェット練習機T-1の開発

航空再開後の我が国軍用機製造企業によるイノベーションを象徴する事象が国産ジェット練習機 T-1 の開発・生産である＊3。当時の航空自衛隊の訓練体系は T-34（第1初級操縦課程）→ T-6（第2初級操縦課程）→ T-33（ジェット基本操縦課程）→ F-86（戦闘操縦課程）であったが、T-6 練習機は1959年ごろから老朽化していくことが明白であった（久野, 2006a）。

また、同機の開発に携わった鳥養鶴雄（元富士重工業航空機技術本部長）は当時、航空機関係者の間のみならず、国民的にも航空復興やその象徴としてジェット機の国内開発への期待が存在していたことを指摘している（鳥養, 2006a）。そして、当時の我が国の経済状況や技術水準から、当時欧州諸国で話題になっていた軽ジェット練習機の開発可能性が指摘されるようになった。

このような機運があったため、新明和興業、富士重工業、川崎航空機工業、新三菱重工業など航空機製造関連各社はジェット機関連技術の研究を始めた。富士重工業では1954年からジェット練習機の研究を開始し、低速風洞実験や後退翼構造の理論研究などを行っている。また、航空自衛隊でもジェット練習機やそのエンジンに関する OR が開始され、その過程で各社の自主研究に関する聞き取り調査が行われた。

1955年2月には富士重工業、新三菱重工業、新明和興業、川崎航空機工業の4社に対し、ジェット練習機開発への協力を要請、試作機の要目表や三面図などの提出を求め、これらの資料を元に同機の要求項目をまとめた。ただし、国産ジェット練習機の開発は在日米軍軍事顧問団に知られることとなり、国産機の性能が T-33A と重なることから、米空軍が開発中の T-37 練習機のライセンス生産を検討すべしとの意見がなされた。

これに対し、航空自衛隊側が国産開発機はT-6の代替となると回答し、要求性能は T-6 を代替するものとなるよう、1955年8月に航空幕僚長が防衛庁長官に運用要求の変更を具申した。同年末に各社に対し1956年3月末までに提案書の提出が求められた（鳥養鶴雄氏の証言、富士重工業株式会社社史編纂委員会, 1984、久野, 2006a、鳥養, 2006a）。鳥養（2006a）はこの時示された制限マッハ数がマッハ0.85であり、各社関係者には戸惑いがあったが、ライセンス生産を行う T-33A が制限マッハ数0.8であったことから、航空自衛隊関係者の意気込みが、この制限マッハ数に表れていると指摘している。

提案書の提出を求められた4社のうち、新三菱重工業は F-86F 戦闘機のライセンス生産に注力するために提案書の提出を辞退し、残り3社が提案書を提出した。新三菱重工業が提案書の提出を辞退したことに関し、前間（2005）は戦後の我が国の軍用機開発を防衛庁で推進した高山捷一元空将の証言として、高山が新三菱重工業は次の戦闘機は新三菱重工業を中心に行うので今回は富士重工業に譲ってほしい旨を新三菱重工業担当責任者である東條輝雄と富士重工業担当責任者である内藤子生を同時に呼んだ会合で伝え、東條が納得したことを紹介している。

このようなことが可能であったことについて、高山は高山、東條、内藤は大学の同期生であったことや当時の防衛庁・航空自衛隊の体制、人材が整っておらず、高山が航空幕僚監部装備部と防衛庁技術研究所の兼務を行っていたことを指摘している。なお、尾翼の細部設計と試作は新三菱重工業、後部胴体の細部設計と試作は川崎航空機工業が担当した（T-1 開発記録編集委員会, 2005）。

1956年6月に富士重工業が試作機発注優先順位1位となった。富士重工業案が1位になった理由として他2社が採用しなかった後退翼を採用し、遷音速時の安定性と操縦性を向上させ、かつ翼面荷重を小さくして低速時の安定操縦性の向上を図ったこと、前後の座席に高低差をつけ後部教官席の視野を広くしたこと、価格が廉価であることが評価されたことなどが指摘されている。設計主任であった内藤子生設計部長は、量産可能となるようにうまく航空機をまとめあげるには、新しいことは設計時において一つだけ行うべきであるという中島飛行機時代からの「教え」に従い、後退翼だけを新技術として採用したことを述べている（内藤, 1958）。

同年7月に防衛庁より正式に富士重工業に発注する旨が通告された（鳥養鶴雄氏の証言、富士重工業株式会社社史編纂委員会, 1984、鳥養, 2006a）。富士重工業においては提案書の作成と並行してモックアップの製作も進められた。モックアップの作成は受注の可否が判明しない中で自社の負担で行われた（前間, 2005、鳥養,2006a）。モックアップの作成について鳥養（2006a）は同社の「不退転の決意」（17頁）の表れを示すものであると同時に、細部の図面が存在しない中で製作可能であったことは、中島飛行機時代からのベテランが現場に存在していたことを示すものであることを指摘している。

提案書の審査に関わった高山は、モックアップを作って作成された提案書は他社の追随を許さないものであった旨を述べている（前間, 2005）＊4。内藤はライセンス生産は「技術屋として本来の仕事とはいえない」（前間, 2005、169頁）とし、航空機の開発を行わないと本当の意味での航空機事業部門ではなく、これからの飛躍の土台として T-1 の開発に対し一丸となって意気込んだと述べている（前間, 2005）。鳥養（2006b）は設計室内に「『日本の航空技術が再興する先端にあるのだ』『ジェット機を創るのだ』という熱気が漲っていた」（22頁）と回想している。設計主任であった内藤は中島飛行機時代からの経験を元に「空力虎の巻」と称する「安定操縦性基準」を作成し、それを用いて担当者に機体改修を要求するという設計方法を採用し、線図の末端まで設計者自らが線を引くという「前時代的」な方法は排している。

また、設計には多くの新人が投入されたため、結論だけが書かれている設計手引書「設計猫の巻」を全設計者、製図手に配布し、末端での問題点の発生を排する努力を行っている＊5（鳥養鶴雄氏の証言、内藤, 1958、T-1開発記録編集委員会, 2005）。

鳥養（2006a）は後退翼の理論は海外での調査並びに外国から入手した論文等で相当程度理解できてきたことを指摘している。ただし、遷音速風洞試験装置は国内に存在しないため、1957年に米コーネル大学で行われた。また後退翼には主翼の付け根に大きなねじり荷重が加わり、それに耐える構造設計は困難であった。米 F-86 戦闘機や B-47 爆撃機の場合、厚板外板を使い、特殊大型加工機械のスキンミラーを用いて板厚をテーパーさせる構造としていたが、スキンミラーの入手は輸出許可、価格の面から困難であった。そこで富士重工業は既存の工作機械で製造できるよう設計上の工夫がなされた（鳥養鶴雄氏の証言、鳥養, 2006a、鳥養, 2006b）。

鳥養（2006b）は新しい課題に挑戦したものの、空力や構造設計は戦前の航空技術を基盤にしているが、操縦システム、与圧・空調システム、油圧系統、燃料系統、電源・通信・航法機器などは、戦前とは異なる新しい技術であり、そのため開発日程を守るために輸入品を活用することとしたことを指摘している。また鳥養（2006b）は T-1 の開発では断片的な情報をつなぎ合わせて自問自答しながら答えを導き出して開発を行っており、戦後に社会に出た若手技術者の積極的な取り組みが同機の開発成功に貢献していることを指摘している＊6。

計画では国産 J3 エンジンを搭載することとなっていたが、開発が遅れたため、英国ブリストル・シドレー社のオルフュース・エンジンを搭載する試作機が先行した。オルフュース・エンジンを搭載した試作機は T1F2 と命名され、その量産機が T-1A 練習機である。J3 エンジンを搭載した試作機は T1F1 と命名され、その量産機は T-1B 練習機である。1957年3月に T1F2 試作1、2号機と強度試験機の製造の契約が行われ、同年11月に1号機がロールアウトし、1958年1月に1号機の初飛行が行われた。T1F1 は1960年5月に初飛行を行った（久野, 2006a）。

T-1 開発は航空自衛隊の調達における品質管理要求に関する革新を図る

T−1（筆者撮影・かかみがはら航空宇宙科学博物館）

契機となった。それは、当初防衛庁は MIL-Q-5923B 等の原文をそのまま契約のために使用していたが、英文の解釈上の問題等が発生することがあり、T-1 の開発を契機に1960年に MIL-Q-5923C を元にして、航空自衛隊品質管理共通仕様書 C&LPSY-0001 が制定された（相澤, 1993、相澤, 1997)。

４．飛行艇PS-1・US-1の開発

新明和興業の前身の川西航空機は戦前高性能であった二式飛行艇などを開発した。そのため、新明和興業においても1953年に川西龍三社長の命で航空委員会が組織され、新飛行艇開発のための諸問題の検討が開始された。太平洋や大西洋の海洋調査の結果を元に、波高3メートルで離着水可能な飛行艇を製作すれば1年の80パーセント以上の日数を外洋で使用可能なことが判明したが、当時そのような性能を持った飛行艇は存在しなかった。1953年から研究を開始し、1957年に溝型波消装置が発明され、我が国では実用新案、米・英・伊・加で特許を取得した。

また、離着水の速度を低下させる高揚力装置の研究は1955年に開始された。溝型波消装置と高揚力装置が完成したことで3メートルの波高で離着

水できる飛行艇の開発が可能となり、1959年に飛行艇の基礎設計が完成した。飛行艇開発には政府の発注が必要となるため、同社では関係各方面に広報活動を行った。海上自衛隊は1959年ごろから対潜哨戒機として飛行艇の導入を検討開始し、1960年に防衛庁の方針として開発が決定された。

また、米軍も同機の性能に着目し、1959年に菊原静男設計主任を米国に招待し、米海軍が開発に協力することを確約した。米海軍の協力には新技術の実験用として UF-1 水陸両用飛行艇の供与も含まれた。海上自衛隊は同機を改造した UF-XS 実験機を新明和工業に試作させた。1961年に新明和工業車内に飛行艇開発本部が設置され（同本部は1963年廃止、PX 試作本部となる）、1966年に防衛庁調達実施本部と同社の間に PX-S 初号機の試作が正式に契約され、1967年に PX-S 初号機は初飛行を行った。

試作機の製作には熟練工を活用し、コストをかけない方法が採用された。1970年に PX-S は海上自衛隊の制式機となり、PS-1 型航空機と命名された（新明和工業, 1979、日本航空宇宙工業会, 1987、日本航空宇宙工業会, 2003、碇, 2004、石丸, 2015）。PS-1 は着水してソナーにより潜水艦を探知する運用を想定して開発された。

当時、潜水艦探知機器としてはソナー（ハイドロフォン）とソノブイが有力視されており、飛行艇技術に先行していた我が国においてはソナーの開発も進められていたが、その開発に苦戦していた。そこで、米海軍は AQS-6 ソナーを貸与した。また、米海軍からのアドバイスでソナー以外にソノブイなどの対潜機器も装備することとなった。1964年に米海軍より機器が貸与されることとなり、P-3 対潜哨戒機用対潜装備をそのまま搭載したことにより、正規全備重量が引き上げられた。

その後、速度が速い原子力潜水艦の増加やパッシブ音響探知が一般的になり、また P-3C 哨戒機の導入、ソノブイの技術向上とコスト低下などにより PS-1 の優位性が減少したため1989年に全機除籍となった。納入された PS-1 は 23 機であった（碇, 2004、小林, 2005、海老, 2010、山内, 2010）。

PX-S の目途が立った時点で新明和工業は多用途化を検討し、海難救助等に関する基礎研究を開始し、1971年に海難救助機の構想をまとめた。この救難機の研究は防衛庁からの試作許可の下で行われた、新明和工業の

US−1A（筆者撮影・かかみがはら航空宇宙科学博物館）

「自主開発」であった。防衛庁も昭和47年度に救難飛行艇を1機予算化し、1974年に同機はロールアウトした。救難飛行艇は US-1 と命名された。US-1 は水陸両用化されているが、同機は新明和工業にとり、初の大型飛行艇の水陸両用化の試みであった。７号機からは1基約3,500馬力の T-64-IHI-10J エンジンを搭載した US-1A となっている。US-1A は2005年に完納となり、US-1 と US-1A は合計20機生産された（新明和工業, 1979、日本航空宇宙工業会, 1987、日本航空宇宙工業会, 2003、碇, 2004、小林, 2005、石丸, 2015）。

５．哨戒機P2V-7およびP-2Jの生産・開発

現在、川崎重工業は大型機に関するコンピタンスを有していると考えられている（福永・山田, 2011b）。そのきっかけとなったのは1957年に戦後我が国初の大型機生産である海上自衛隊用哨戒機 P2V-7 の国産化が図られ、川崎航空機工業が主契約企業となったことによる。P2V-7 はロッキード社により開発された哨戒機で、その原型機は1945年に初飛行を行っている。P2V-7 自体は我が国に導入された当時は最新鋭の機体であった（日本航空宇宙工業会, 1987、大塚, 2007）。同機の生産においては川崎航空機工業が主契約企業、新明和興業が協力企業となり、1959年から1965年にかけて48機が生産された。同機の生産開始とともに米海軍監督官が派遣され、1962年

まで滞在した。P2V-7 は大型機であり、同機のライセンス生産を行うために川崎航空機工業は岐阜製作所南地区に新組立工場を建設する必要があった。また、ロッキード社から40名程度の技術者が派遣された（川崎重工業, 1986、日本航空宇宙工業会, 1987、土井, 1989、川崎重工業, 1997、福永・山田, 2011b）。

同機のレドームにはガラス繊維とポリエステル樹脂から構成されるFRP 材が用いられ、複合材料使用の先駆的事例である（川崎重工業, 1997）。ただし、P2V-7 は胴体幅2メートルで搭乗員は立って歩けず、与圧も行われていなかった（土井, 1989）。

川崎航空機工業は同機の生産のため電子機器関係の技術陣の増加や試験設備が必要になり、電子機器工場、機能試験工場が建設された（川崎重工業, 1986、日本航空宇宙工業会, 2003、福永・山田, 2011b）。同機のライセンス生産では電子機器が米国からの供給に頼らざるを得なかったため国産化率は非常に低いものとなった（大塚, 2007）。同機を元に我が国におけるフライ・バイ・ワイヤ航空機の先駆けとなる可変特性研究機が製作されたが、この改造も川崎重工業で行われた（日本航空宇宙工業会, 2003、航空機国際共同開発促進基金, 2009）。

1960年代には原子力潜水艦の登場など潜水艦の技術向上が顕著だったため、P2V-7 の有効性が減少し始めた（大塚, 2007）。P2V-7 の後継機は1961年ごろから海上自衛隊と川崎航空機工業の間で検討が開始され、1965年にP2V-7 改の試作契約が防衛庁と川崎航空機工業との間で締結された。自衛隊が供与したP2V-J 改造のP-2J 哨戒機は1966年に完成、初飛行を行った。P-2J は現役機の改造ではなく、新造されることが決定され、1968年に同機を川崎航空機工業が量産することとなり、1979年までに82機が生産された。同機には国産ターボプロップエンジン T-64-IHI-10 が搭載された（平木, 1969, 日本航空宇宙工業会, 1987、かかみがはら航空宇宙博物館, 1996, 福永・山田, 2011b）。同機を改造した標的曳航機 UP-2J、電子戦データ収集機 UP-2J、可変特性研究機も製造された（水野, 1995）。同機はP2V-7 を原型にしているが、P2V-7 は戦時中に米国で設計されたものであるため、当初の設計意図が不明確な点があり、新たに trade-off study などを行って

P−2J（筆者撮影・かかみがはら航空宇宙科学博物館）

当初の設計意図の把握を行った（平木, 1969）。

このようなこともあり、大塚（2007）はある設計者関係者が P-2J は「新設計」に等しいという認識を有していることを指摘している。また、同機の開発が US-1 と重なっていたことから、防衛庁・川崎重工業・新明和工業などのメンバーからなる研究会が開催された。碇（2004）は P-2J に開発に際し、US-1 開発の成果が反映された面があることを指摘している。

６．超音速機の実用化とF-104戦闘機のライセンス生産

米空軍は1953年に世界初の超音速ジェット戦闘機 F-100 の開発に成功し、それ以降各種の超音速戦闘機・戦闘爆撃機の開発を行っている。それらの軍用機群はセンチュリー・シリーズと呼称された。また、ソ連もほぼ同時期に超音速戦闘機 MiG-19 の開発を行っている（源田, 2008、藤田, 2012）。我が国においても1957年に1次防に超音速戦闘機の国産計画が盛り込まれた。そして紆余曲折を経たのち、1959年の国防会議において F-104J 戦闘機のライセンス生産が図られることとなった。

F-104 はセンチュリー・シリーズのうちの1機で、朝鮮戦争の戦訓により、速度、上昇力、運動性などの性能に優れ、操縦士にとり取り扱いが簡単な戦闘機が求められたために開発された戦闘機である。同機はロッキード社により開発された（松崎, 2005a）。

F-104J の生産体制は新三菱重工業を主生産会社、川崎航空機工業を協

F-104（筆者撮影・三沢市大空ひろば）

力会社とし、両社の作業量比率は通商産業省により提示された6対4のガイドラインなどを元に協議され、新三菱は中胴、主翼、最終組立、飛行試験、川崎は前胴、後胴、尾翼を担当することとした。1961年に政府は新三菱重工業他8社との契約を結んだ。同機はまずノックダウン生産で製造された後に、ライセンス生産が行われるようになり、その生産は1967年に終了した（加賀，2004）。加賀（2004）は同機の生産を通じて様々な技術、例えば、ケミカル・ミーリングや電子機器技術の水準向上などをもたらしたが、最大の成果は複雑化する航空機生産で生ずる課題への対処能力・ノウハウであり、そのような能力の向上により、のちの国産航空機開発が可能になったことを指摘している。

7．YS-11中型輸送機の開発

戦後の我が国の航空機産業は軍需を中心に復興していったが、運輸省は新明和興業に昭和31年度科学技術研究補助金を交付し、「中距離中型輸送機の安全性に関する研究」を行った（前間，1999、碇，2004）。また通商産業省重工業局航空機武器課や航空機製造企業各社を中心に民間需要、防衛需要、輸出の諸需要を見込める中型輸送機の開発が検討され、昭和32年度に中型輸送機の設計研究費が鉱工業技術研究補助金から交付されることとなった。中型輸送機の研究主体として輸送機設計研究協会が発足した。また

1958年に航空機工業振興法が成立し、YS-11 となる中型輸送機を国家プロジェクトとして推進することとなったが、原案の航空機等の国家購入は削除され、機械設備等の無償貸与は時価より低い価格での貸与となった。

YS-11 中型輸送機の試作開発、量産販売事業を担当する官民共同出資の特殊会社日本航空機製造が、航空機工業振興法の一部改正により1959年に設立された。日本航空機製造の設立により、輸送機設計研究協会での開発作業は日本航空機製造に引き継がれた。日本航空機製造には政府以外に航空機関係企業、商社、金融機関など約200社が出資した。試作機の開発に当たっては新三菱重工業、川崎航空機工業、富士重工業、新明和興業（新明和工業）、日本飛行機、昭和飛行機の機体メーカーが分担し、開発のピーク時には日本航空機製造並びに6社の103名の技術者が参画した。

飛行試験用試作１号機の製作は1961年6月から担当各社において開始され、1962年に試作第１号機の初飛行が行われた（日本航空宇宙工業会, 1987、日本航空史編纂委員会, 1992、前間, 1999、日本航空宇宙工業会, 2003、航空情報, 2004）。

日本航空機製造において設計部長は新三菱重工業の東條輝雄が務めた。前間（1999）は日本航空機製造は機体メーカー技術者の「臨時的集結所」の性格が強かったが、設計部のチームワークはおおむね順調であったことを複数の設計部員関係者の証言を元に指摘している。その理由として設計班長であった佃泰三（新三菱重工業）は東條部長のリーダーシップや戦前からの人脈で気心が知れた人間が多かったこと、我が国初の民間輸送機製造という目的に集中していたことなどを挙げている。前間は東條の設計の進め方はメンバーに議論をさせたうえで結論を出し、上から強引に自分の考えを押し付けることはしなかったことを指摘している。また、自らの担当とは関係ない事項についても議論に参加するように促している。それは東條が皆が飛行機全体のことを知る必要があると考えたためである。

YS-11 は防衛需要を見込んでおり、1961年5月に防衛庁長官の指示により同機の自衛隊による採用検討が指示された。当時の西村直己防衛庁長官は YS-11 計画を強く支持していた。そして同年に正式決定された第2次防衛力整備計画において10機の購入が示された。YS-11 は航空自衛隊に13

機並びに海上自衛隊に10機納入された（日本航空宇宙工業会, 2003、エアライナークラブ, 2006）。

YS-11 は我が国の航空機産業が現代の大型機に必要不可欠な大型与圧胴体開発を経験する初めての機会であった。同機の与圧を担当した川崎航空機工業の園田寛治は前間孝則の取材に対し、与圧に関し戦前の体験が皆無に近かったため、相談できる相手がなかったことや欧米の旅客機等を参考に開発を進めた旨を述べている（前間, 1999）。

YS-11 は1973年までに試作機を含めて182機が生産・納入され、我が国の航空各社や官需以外にフィリピン、米国、アルゼンチン、ブラジル、ギリシャなど海外にも販売されたが、競争激化のため生産中止となり、日本航空機製造は累積赤字を出したために昭和57年度に三菱重工業に営業を譲渡し、同年度末に解散した。また、YS-11 に次ぐ大型ジェット旅客機開発の希望が存在したため、昭和43年度に通商産業省は日本航空機製造に補助金を交付したが、航空会社や運輸省の賛同を得られず、計画は中止となっている（日本航空史編纂委員会, 1992、日本航空宇宙工業会, 2003）。

8．ジェット大型軍用機の国産化－C-1輸送機の開発

航空自衛隊は老朽化した C-46 輸送機の後継機種 C-X の研究を1956年ごろから開始し、1963年ごろには要求仕様の検討を開始した。当時航空自衛隊が必要とした能力を満たす輸送機は国外、国内ともになく国産開発を行うことが決定された（日本航空宇宙工業会, 1987）。

防衛庁技術研究本部の油井一・河東桓・熊谷孜は新型輸送機の要求として、ペイロード8トンを搭載し700海里を巡行、4000フィート滑走路からの離着陸並びに軽荷状態では2000フィート転圧滑走路でも離着陸、全天候性・高速巡行性、パレット化した貨物輸送、2.5トントラックの自走積載卸下、0.75トントラックまでの物量の空中投下、空挺隊員45名の輸送・空中降下、一般兵員60名、担架患者36名の輸送などであったことを指摘している（油井・河東・熊谷, 1972）。

C-1 輸送機となる C-X の開発は昭和41年度防衛庁予算要求段階で財政

当局の強い反対にあったが閣僚折衝の段階で決定し、1966年から開発が着手された。同機の基本設計、細部設計、試作は YS-11 の開発経験が生かせる日本航空機製造に委託された。量産機の製造は川崎航空機工業を主契約企業に三菱重工業、富士重工業、日本飛行機、新明和工業など航空関連各社を協力企業とするという方針が採用された。C-1 の主任設計者は1969年に機体の製造段階に入るまでは東條輝雄であり、それ以降は箕田芳朗（富士重工業）であった（油井・河東・熊谷, 1972)。C-1 の設計においては1969年のピーク時には各企業から派遣された技術者を含めて270名から280名の技術者が参加し、図面は17,259枚作成された。初号機は1970年に初飛行を行った（防衛庁技術研究本部, 1978、日本航空宇宙工業会, 1987、日本航空宇宙工業会, 2003、福永・山田, 2011b)。C-1 の開発体制について名古屋航空機製作所25年史編集委員会（1983）は T-2 練習機の開発組織である ASTET（2-9参照）と類似していると指摘している。

日本航空宇宙工業会（1987）は同機の開発費が160億円と推定され、当時の海外での民間機開発の事例と比較すると開発コストが低かったことを指摘している。C-1 の基本設計を行った日本航空機製造では YS-11 の設計を行った技術者が引き続き C-1 開発を行った。また、YS-11 での失敗経験を生かし、風洞実験やフライトシミュレーションのデータを徹底的にとり、飛行試験では大した問題は発生しなかった（前間, 1999)。同機は31機生産され、1機当たりの価格が高価であったため追加発注は行われなかった（日本航空宇宙工業会, 1987、日本航空宇宙工業会, 2003、JWings, 2005b)。

C-1（筆者撮影、航空自衛隊百里基地）

この点について嶋田（2007）は、同機が当時の同規模輸送機と比較し高速性、短距離離着陸性に卓越した能力を持っていたため、世界的に注目され、複数国から購入希望が表明されたが武器輸出禁止政策のために輸出が不可能であったことを指摘しており、これが価格高騰の一因になったと考えられる。

前間（2002、2005）はC-1の要求仕様の航続距離が周辺国に「侵入」できる距離で他国に脅威を与える旨の批判が一部野党やジャーナリズムから起き、その批判をかわすために航続距離を短くし、常用ペイロードでの航続距離が沖縄まで届かないなどの問題が起きたことを指摘している。

福永・山田（2011b）が取材した川崎重工業の関係者はC-1は川崎重工業を含めた戦後の我が国の航空機産業にとり重要な航空機であったことを指摘している。それはC-1の開発は、YS-11に携わった技術者たちがジェット機技術を学習する機会になったからである。また、現代の大型機に必要不可欠な大型与圧胴体に関しては、我が国では戦後のYS-11が初めてであり、日本航空機製造においてその技術を習得したが、C-1は胴体直径も与圧圧力もYS-11より大きく、技術的な向上があったことを指摘している。

飛鳥（筆者撮影、かがみがはら航空宇宙科学博物館）

C-1 を改造して飛行実験機 C-1FTB、電子戦訓練機 EC-1 が製造され、文部省航空宇宙技術研究所低騒音 STOL 実験機飛鳥は同機をベースに製造された（JWings, 2005b）。

９．超音速小型軍用機の国産化－T-2練習機の開発

3次防に先立ち、航空幕僚監部は戦闘機操縦者養成の構想や体系についての検討を行った。当初は米 T-38 練習機の導入が検討されたが、1965年末の防衛庁長官の国産機導入の検討の指示により、防衛庁技術研究本部は三菱重工業、川崎航空機工業、富士重工業に T-38 と同等の練習機の開発に要する経費、期間の見積りを求め、1966年2月に見積りが提出された。

ただし、航空自衛隊には練習機を国産開発した場合、装備化に時間がかかり、操縦者育成に支障をきたすという意見があったため、つなぎに米国製練習機を導入する案も検討された。久野（2006b）は F-4E 戦闘機の導入の方針が1969年の国防会議で決定されたことにより、同機の後席での操縦者訓練が可能であるとされたため、つなぎに米国製練習機を導入する計画は取りやめになったことを指摘している。

昭和42年度予算に練習機の開発予算が計上された。開発の主契約企業を選定するに際しては、富士重工業、川崎航空機工業、日本飛行機の3社が提携し、3社グループと三菱重工業との競争になった。そして、1967年9月に三菱重工業が主契約企業となることが通達された*7。協力企業として富士重工業、川崎航空機工業、日本飛行機並びに新明和工業が指定された。三菱重工業ではかなり以前から超音速機の研究に取り組んでおり、我が国の軍用機製造企業の中で最初にマッハ4まで実験可能な超音速風洞の設置を計画したことが同社が主契約企業に指名された一因であると考えられている。同機の装備品等の一次関連企業は174社、二次関連企業は320社であった（名古屋航空機製作所25年史編集委員会, 1983、日本航空宇宙工業会, 1987、JWings, 2004、航空自衛隊50年史編さん委員会, 2006、久野, 2006b、福永・山田, 2010）。

1967年10月に T-2 練習機の設計チームである超音速高等練習機設計チ

ーム（ASTET）が当初人数73名で発足した。ASTET の設計チーフには三菱重工業の池田研爾第二技術部長が就任し、池田には戦時中の航空機設計の経験があったが、副チーフ以下のメンバーは戦時中の航空機開発を経験していないが航空機に関する業務経験を積んできた技術者が多かった。同チームは三菱重工業43名、富士重工業16名、川崎航空機工業6名、日本飛行機６名、新明和工業2名という体制で発足したが川崎航空機工業はF-4EJ を三菱重工業とともに製造分担することになり、練習機分担分を富士重工業に譲渡し、同社は基本設計のみの参画で終了した。

福永・山田（2010、2011a）が取材した三菱重工業から ASTET に参加した技術者は、他社から派遣された技術者とも同じ技術者同士ということもあり、すぐに仲良くなった旨を証言している。組織風土は間違いを率直に指摘し合える風土であり、メンバーの自主性を尊重する風土であった。池田設計チーフをはじめ三菱重工業での設計チーフのリーダーシップの発揮の仕方は、メンバーの自主性を重んじ、創造性を喚起するようなものであったことも指摘している。また、前間（2010）の取材に対し、T-2 開発を担当し、のちに F-2 戦闘機のチームリーダーを務めた神田國一は機体中胴部の担当であったが、飛行試験なども担当しており、「手が空いている者がいればなんでもやらせる」（95頁）という組織運営がなされていたことを証言している。

ASTET は基本設計、実物大模型による審査までを担当し、基本設計は1968年11月に完了、実物大模型審査は1969年4月終了し、ASTET は解散した。ASTET は三菱重工業大江工場に設置され、三菱重工業以外の従業員は各自の所属企業に在籍したまま設計作業を行った。ASTET には解散時に175人（三菱114名、富士27名、川崎14名、日本飛行機7名、新明和10名、住友精密3名）が参画していた。細部設計作業は各社で行い、1970年までに細部設計作業が完了した。同年三菱重工業で試作1号機の製作が開始され、1971年7月に初飛行テストを行い、同年11月には超音速飛行に成功した。

T-2 は96機生産された。同機の開発経費は防衛庁や科学技術庁職員の人件費や一般経費を除くと120億円であり、海外の超音速機開発と比較して安価であった。また装備品の国内開発の割合は55.2パーセントでライセン

T-2・ブルーインパルス仕様（筆者撮影・三沢市大空ひろば）

ス生産品は42.5パーセント、輸入が2.3パーセントであった（名古屋航空機製作所25年史編集委員会, 1983、日本航空宇宙工業会, 1987、日本航空宇宙工業会, 2003、久野, 2006b、鳥養, 2006c、福永・山田, 2010、福永・山田, 2011a）。

10. キャッチアップを可能にした　ナショナル・イノベーション・システム上の特色

本章では我が国のいわゆる「空白の7年間」の間に航空機・軍事技術の相当な進展があり、それに追いつくことが我が国航空機製造企業・防衛産業企業の課題であったことが再確認できた。そして、昭和40年代までには超音速機や大型ジェット機の開発が可能となり、また当時最も先端的であった戦闘機のライセンス生産も可能であったことなどから技術的には先進国にキャッチアップしたと考えられる。

このようなキャッチアップは航空機製造企業や防衛庁・自衛隊、通商産業省などいわゆる「官」など様々な関係者により構成されたナショナル・イノベーション・システムにより可能であったと考えられる。そこで、本節では軍用機産業を発展させたナショナル・イノベーション・システム上の特色について考察を図ることとする。

（1）我が国の政治状況と「官」による推進

本章が対象とする時期は警察予備隊の発足から3次防の時期までに該当する。我が国の軍用機製造企業をとりまく政治的環境は自衛隊の発足時や航空再開時以降も決して「好意的」なものではなかった。しかし、樋口（2014）は1966年ぐらいまでは我が国の防衛力に関する肯定的意見が輿論の間で根強く、野党にもその傾向が見られたことを指摘している。ただし、いかなる国防力を整備すべきかに関しては、与党や防衛庁内においても合意形成がなされていなかったが、その中で唯一合意形成がなされていたのが防空であり、自衛隊発足期から2次防（1961年閣議決定、昭和37年度から41年度まで）までの我が国の防衛力整備の特徴は「防空重点主義」であることを指摘している*8。また、2次防の決定時に国会議員の申し合わせ事項として防衛産業の育成を図ることが合意されている。航空自衛隊が所有する航空機数は2次防期間が最も多い（田村・佐藤, 2008）。

ただし、軍用機の国産開発に関しては防衛庁内や大蔵省内での反対や米国からの干渉も存在していたが、前間（1999、2005）はこの期間の国産軍用機開発を進めた航空自衛隊の高山捷一や YS-11 開発を推進した通商産業省の赤沢璋一などに代表される、航空機産業の発達が重要であると認識し、諸問題に対処した人材が存在していたことを指摘している。また前間（2005）は当時旧陸海軍で佐官クラスを経験した人材が自衛隊幹部に登用され、軍用機の自主開発路線を強力に進めていたことを指摘している。そして、C-1 や T-2 の国産開発によりジェット輸送機や超音速戦闘機に関する技術力を我が国軍用機製造企業が蓄積することが可能であったことを日本航空宇宙工業会（2003）は指摘している。

（2）軍用機製造企業各社による推進

軍用機製造企業各社は航空再開後、積極的にキャッチアップのための研究を進めており、そのような姿勢が防衛庁・自衛隊側からも高く評価されている。ジェット練習機の開発の必要性が認識された時期には各社はジェット機に関する研究を行っており、最終的に T-1 の主契約企業となった富士重工業は自主的にモックアップを製作している。また、富士重工業案が採用されたのは唯一、後退翼を取り入れた設計を行ったことが指摘されている。新明和工業における US-1 の開発は「自主開発」であった。三菱重工業が T-2 の主契約企業となったのは、我が国の軍用機製造企業の中で最初にマッハ4まで実験可能な超音速風洞の設置を計画したことが一因となっている。

我が国の軍用機製造各社は米軍機のライセンス生産を経て、国産機開発に取り組んでおり、軍用機製造企業にとり、国産開発を自社で行うことこそが本質的な能力を育成するために不可欠であるが、戦後の我が国企業のように「空白の7年間」が存在し、その間に急速な技術変化が発生している状況においてはライセンス生産を行うことも能力向上のために必要不可欠であった。福永・山田（2010、2011a）は企業の組織能力の進化を促す能力として新しい情報の価値を認識し、事業目的に適応する吸収能力が重要であり、ライセンス生産はその能力を構築する契機となったことを指摘している。三菱重工業において T-2 開発に携わった技術者は過去の F-86F や F-104J などのライセンス生産が参考になったことを指摘している（福永・山田, 2011a）。そして、そのような能力が構築できたために品質管理やマニュアル化の知識を習得できたと考えられる。

ただし、前述のように国産開発こそが「航空機をまとめあげる能力」に代表される軍用機製造企業の本質的な能力を彫琢する機会である。それは戦後我が国初のジェット練習機開発であった T-1 の-開発に関して鳥養が回顧するように、断片的な情報をつなぎ合わせて自問自答しながら答えを導き出して設計を進める経験を体験する機会であるためである。

同様の指摘は福永・山田（2011b）が取材した川崎重工業の関係者は C-1 開発以前に開発された T-1、YS-11、PS-1、P-2J などの機体は、設計技術の面で戦前と基本的に同質の技術であったことを指摘しており、それらの機体を開発することで、次世代の技術者への「飛行機設計の考え方」を伝承することはできたが、「次世代の航空機」である C-1 や T-2 の開発を行うことで「自分で考え、試行し、失敗しつつ何かを作って見ること、その考え方、試行の手順」という技術者にとり一番重要で航空機技術の新旧問わず重要な資質を伝承することができたことを述べている。

この他、軍用機製造企業各社のマネジメント上の特色がイノベーションに貢献していることも指摘されている。まず、軍用機製造を再開することや多額の投資を行うためにはトップマネジメントの戦略的意思決定が必要であるが、例えば三菱重工業は終戦後、当時の社長の決断で航空機工場の人員・施設を残している。また、新明和興業では社長命令で飛行艇の研究を開始している。

山田・福永（2012）は製品イノベーションにおいて経営トップと従業員の間に位置付けられるミドルマネジメントは部下のコントロールや日常的管理にとどまらない戦略形成に関与する役割があることを指摘している。T-2 開発の事例では設計チーフなどが部下の創造性の喚起に重要な役割を果たしていたことが指摘されているが、YS-11 の事例でも同様の指摘がなされている。特に軍用機の場合、このような創造性の喚起は設計の大規模化に伴い、必要不可欠なマネジメント上での要因になっている。また T-1 の開発において内藤設計主任が各種マニュアルを配布して「前時代的」な設計方法を排していったことは設計の複雑化に対応したものであると考えられる。

この他、我が国企業の人事管理上の特色が航空機開発・生産に適しており、むしろ先進国である米国では必ずしも航空機の開発・生産に適した人事管理が行われていなかったことが指摘できる。新明和工業において PS-1 の設計主任を務めた菊原（1972）はある米国製戦闘機には最盛期2,000人もの設計技術者が関わっていたが、その多くは短期的に高給で雇用された外部専門家であったことを指摘している。菊原は同様の開発を我が国で行う場合には500人程度で済むが、そのような大人数になるのはそのような専門家の知識の幅が狭いことに起因しており、そのような開発方法について疑問を呈している。また、米国企業にも長期的に雇用される者もいるが、企業を支えているのはそのような従業員ではないかと述べている。米国軍用機企業における開発体制としては F-104 の開発など先進的な航空機の開発を少数精鋭で担当したロッキード社のスカンク・ワークス方式が有名であるが（リッチ，1997）、それは極めて例外的な事例であった可能性が指摘できる。

注

＊1 伊藤忠商事は富士工業を通じて旧中島飛行機グループにT-34の製造権の斡旋を行っていた（富士重工業株式会社社史編纂委員会, 1984）。

＊2 ノースアメリカン社には「Quality Must Be Built Into Product, It Cannot Be Inspected Into It」という標語が存在していた（名古屋航空機製作所25年史編集委員会,1983）。

＊3 本節を執筆するに当たり、2014年8月4日に鳥養鶴雄氏へのインタビューを行っている。また富士重工業より貸与されたT-1開発記録編集委員会（2005）『日本最初の後退翼ジェット機　T-1－開発関係者の証言と追想－』を参考にした。

＊4 富士重工業が提出した資料を積み上げると高さ70センチ程度あり、他社と比較して圧倒的であった（前間, 2005）。

＊5 この他、翼形の研究蓄積を元に「空力竜の巻」、後退翼の性質をまとめた「象の巻」なども作成した（内藤, 1958）。

＊6 鳥養（2006b）は若手の方が海外の情報に敏感であったことを指摘している。

＊7 主契約企業の選定に関しては防衛庁と通商産業省との調整も行われた（久野, 2006b）。

＊8 その理由の一つとして樋口（2014）は、国民の間にB-29による無差別爆撃の記憶があったことによる可能性を指摘している。同様な指摘は1958年に航空幕僚監部技術部が創設された理由について航空自衛隊50年史編さん委員会（2006）は、当時旧軍出身者が大東亜戦争中にB-29に対し苦戦した経験があり、空戦に技術優位性が重要であることを痛感していたことを指摘している。

第３章

「逆風」の下での革新
－昭和40年代以降の軍用機開発と軍用機製造企業－

昭和40年代にC-1やT-2が開発されたことにより、我が国の軍用機製造企業は20年弱で「世界水準」に追いついたと考えられる。そしてその後も、F-2戦闘機、P-1哨戒機、C-2輸送機や先進技術実証機を開発する能力を保有している。しかし、航空再開からT-2開発までの約20年間に国産開発された軍用機の機種数と、その後の約50年間に我が国の軍用機製造企業が開発した機種数を比較すると軍用機開発の機会が減少しており、軍用機製造企業の根幹的な「組織能力」である軍用機の開発能力を彫琢する機会が減少していると考えられる。

1969年に防衛庁を退職した高山捷一は前間（2005）の取材に対し、軍用機の国産開発を進めた陸海軍出身者が防衛庁を退職して以降、軍用機の国産開発の機会が減少していると述べており、それが何としても自主開発をすべきであるという情熱や意気込みの低下に起因するのではないかということを指摘している。無論、機会減少の原因としては世界的に開発の機会が減少していることや我が国の政治状況も関わっていることは言うまでもない。

本章では、このような軍用機製造企業にとり不利な環境が形成された要因を考察するとともに、そのような「逆風」下での組織能力の向上について軍用機技術の発達とそれに影響した諸情勢も含めて考察することとする。

1．3次防以降の我が国の防衛政策と我が国における軍用機開発・生産

まず、我が国の軍用機開発に関するナショナル・イノベーション・システムに対する「逆風」は我が国の国内情勢に起因している。3次防（1966年閣議決定、昭和42年度から昭和46年度まで）は通常兵器による局地戦以下の侵略事態に対し、最も有効に対処しうる効率的な防衛力の整備を目標とした（田村・佐藤, 2008）。日本航空史編纂委員会（1992）は3次防において装備の適切な国産化を図ることが織り込まれ、T-2やC-1の開発が織り込まれたことを指摘し、我が国の軍用機製造企業の開発力の育成に貢献したことを指摘している。ただし、樋口（2014）は3次防では2次防まで存在した

防空重点主義は終焉し、予算に応じた3自衛隊への均衡へと政策変更があり、極東ソ連軍の航空戦力の増強とは裏腹に我が国の航空戦力が減勢したことを指摘している*1。

また、樋口はこの時期に日本社会党の非武装・中立論の「ドグマ化」に見られる野党の左傾化、与党自由民主党内での意見対立の発生、自衛隊関連の事故への批判、基地周辺の騒音問題等を問題視する意見の登場、当時の佐藤栄作内閣の高辻正巳内閣法制局長官がそれまで確立されてきた憲法解釈を変更し、憲法九条の一義的意義を武力の不所持としたことなど、我が国の防衛政策が著しく制限される事態が発生したことを指摘している。また、その後の米国の「緊張緩和政策」やソ連や中華人民共和国の「融和的」な外交政策からの影響が防衛政策への関心の低下や制限につながっている。

4次防（1972年閣議決定、昭和47年度から昭和51年度まで）は3次防の目標を引き継いでいる。昭和47年度は4次防の初年度であったが、4次防は同年10月まで決定せず、4次防が決定されぬまま軍用機等の量産が図られていると野党が批判をしたため、それらの予算は1972年10月に4次防が決定されるまで凍結された（久野，2006b、樋口，2014）。また、1972年10月の4次防決定と同日の国防会議議員懇談会において、P-2J 後継哨戒機（GK520）の国産開発計画が白紙となった（日本航空宇宙工業会，1987、樋口，2014）。4次防では3次防で決められた有事即応体制を整備することは困難とし、部分的即応体制の整備を目標とした。樋口（2014）はこれにより、兵器の生産量や自衛隊の演習が著しく減少したことを指摘している。しかし、1975年前後から極東ソ連軍の航空戦力を中心とした兵力増強が進んだため、日米双方に我が国の防衛力の整備を進めようとする機運も高まった。

また、自衛隊の役割を明確にするために1976年に昭和52年度以降に係る防衛計画の大綱（51大綱）が国防会議並びに閣議で決定された。その同日、いわゆる「GNP 1パーセント枠」といわれる経費に関する細部指針も決定されている。また、1977年には防衛諸計画の作成等に関する訓令が制定され、その一環として中期業務見積り（中業）が作成された。中業は五三中業、五六中業の2回行われたが、「財政事情」や適切な「文民統制の充実」を理由に中期的な防衛力整備の方向と経費を政府の責任において示す必要があるとし、1985年に中期防衛力整備計画（中防）を国防会議および閣議で決定した。これ以降政府計画として中防を策定する方法が踏襲されている（田村・佐藤, 2008）。

1979年のソ連のアフガニスタンの直接侵略以降、米国による我が国への防衛力の要求が高まった。樋口（2014）は1983年のソ連軍機による大韓航空機撃墜事件以降4年間は日米間の「防衛蜜月時代」が続いたが、東芝機械ココム違反事件やイラン・イラク戦争での我が国政府の「非協力的」な態度により日米間に「隙間風」が吹いたことを指摘している。また、F-2戦闘機の開発に関しては日米貿易摩擦や我が国の航空機産業の発展に対する警戒感などにより日米間の政治問題化し、1987年10月に米軍既存機の改造開発を行うことが日米間で合意され、同月、F-16 戦闘機を原型機とすることが決定された。その後も米国内の対日強硬派の議員・官僚等による米国機の購入キャンペーンが行われ、その中では三菱重工業がリビアにおいて化学兵器工場建設に関与しているという虚偽の疑惑まで取り沙汰され、ブッシュ政権は日米合意の見直しを決定した。そして、1989年4月に日米交渉の末、我が国側の F-16 の火器管制レーダー、電子戦装置、飛行制御コンピュータ、ミッションコンピュータなどのソースコードへのアクセスへの制限、我が国側技術の供与の保障、生産段階での米国側シェアの保障を行うなど我が国の大幅譲歩が決定された。しかし、米連邦議会上下両院において我が国へのエンジン技術供与拒否議決案が可決され、日米間の外交問題の深刻化を懸念したブッシュ大統領が拒否権を発動し、1989年9月に上院において1票差でエンジン技術供与拒否議決案は否決された（赤塚, 2009、関, 2012、帆足, 2014、宮本・JWings, 2014）。

1976年に決定された防衛計画の大綱は冷戦終結後の1995年、2004年、2010年、2013年に更新されたが、防衛費は平成25年度に至るまで削減される傾向があり、戦闘機や戦車などの主要装備の調達も減少している（樋口, 2014、防衛省ホームページ）＊2。2011年に F-2 最終号機が納入され、昭和30年代から絶え間なく行われてきた戦闘機生産が事実上中断することとなった（防衛省, 2010a）。平成17年度から平成21年度にかけての中期防衛力整備計画では老朽化が進む F-4 の後継機を整備することが決定されたが、選定の遅れが発生し、2011年12月に F-35 戦闘機の導入が決定された。F-35 は戦闘機生産維持の面からは問題があることが指摘されている（産経新聞, 2011、日本経済新聞, 2011、竹内, 2014、竹内, 2015）。

このように我が国の防衛並びに軍用機製造産業をとりまく環境は依然厳しいものであるが、将来戦闘機の研究・開発努力が行われていることも事実である。

2．P-2J後継哨戒機GK520の開発とその中止

1966年から1967年にかけて川崎航空機工業は P-2J 後継哨戒機 GK520（同社による名称）の自発的な研究を開始している。土井（1989）は1970年には基礎設計をほぼ完了し、1971年夏に実大模型を製作していたことを指摘し、防衛庁は設計前調査費を同社に交付したが、川崎重工業側の開発は防衛庁の計画に対し、2年程度進んでいたと述べている。ただし、1972年10月の国防会議議員懇談会において、次期対潜哨戒機および早期警戒機の国産開発は白紙還元とされ、開発は中止となった（日本航空宇宙工業会, 1987）。

3．F-4戦闘機のライセンス生産

航空自衛隊の次期戦闘機の検討は1960年代前半から開始され、1967年の航空自衛隊調査団の調査結果を受けて、その候補としてマクドネル・ダグラス F-4E 戦闘機、ロッキード CL-1010-2 戦闘機、ミラージュ F1C 戦闘機が挙げられた。1968年に第2次調査団が派遣され、その調査結果を受けて後継機種を F-4E 戦闘機とした。1969年の国防会議で昭和52年度末までに104機を生産・配備することが了承された。ただし、同機の対地攻撃能力が「周辺諸国に脅威を与える」という政治的な指摘を受け、爆撃関連装置を搭載しないこととなった。

F-4 シリーズはもともと米海軍用の航空母艦に搭載される艦隊防空戦闘機として開発された戦闘機であり、量産型1号機の F4H-1 型は1961年に

初飛行を行っている。また、1961年に発足したケネディ政権のマクナマラ国防長官は三軍の装備の共通化を図るために、F-4 を空軍に導入することを強力に進め、当時開発中の F-111 戦闘機の導入までに時間を要したこともあり、米空軍も F-4 を導入した。また、F-4 は世界各国で採用され、我が国でのライセンス生産を含み5,195機の生産が行われた。同機はいわゆる西側で生産された戦闘機の中で唯一5,000機以上生産された戦闘機である（日本航空宇宙工業会, 1987、青木, 2009b、松崎, 2009、奈良原, 2010、松崎, 2010、後藤, 2011）。その理由として鳥養（2006e）は全天候性、長大な航続力、鋭い加速性、そして航空母艦に離着艦を行う艦上戦闘機という厳しい環境での運用を可能とする設計が行われていること、艦上戦闘機に求められる多用途性を有していることを指摘している。同機の初の実戦投入は1964年のベトナム戦争時の北爆作戦であり、初の空中戦は1965年4月の人民解放軍空軍機 J-5（MiG-17）とのハイナン島南方公海上での空戦であった。

また、1969年にイスラエルに供与された F-4E がエジプト国内の軍事拠点攻撃を行った（JWings, 2012）。松崎（1990）は F-4 の工法上や材料上の特徴として、単一部品の大型化により、部品点数の減少と強度の向上を図っていること、ケミカル・ミーリングを広範に取り入れたこと、当時最新のアルミ合金を多用していることやチタニウムを多用していることを指摘している。

1970年3月に F-4EJ 第1次生産分34機、官給品、初度部品など35件の契約が行われた。F-4EJ の生産では三菱重工業が主契約企業、川崎重工業が副契約企業となった。F-4 を我が国は140機導入したが、1号機、2号機は米国で完成させたものであり、3号機から13号機はノックダウン生産で製造され、残りの機体がライセンス生産で製造された。最後に製造された140号機は F-4 として最後に生産されたものである。F-4EJ の生産では剛性の高い部品の組立が増加し、組立作業の困難度が上昇した。

品質管理についてはマクドネル・ダグラス社を調査し、三菱重工業名古屋航空機製作所独自の全所的な品質管理プログラムを設定した。これにより、二次下請企業を含めて名古屋航空機製作所が審査、承認する体制ができ、のちの F-15J 戦闘機の生産などで踏襲された（名古屋航空機製作所25年

F-4（筆者撮影・航空自衛隊百里基地）

史編集委員会, 1983、川崎重工業, 1997、櫻井, 2000、日本航空宇宙工業会, 2003、松崎, 2009、福永・山田, 2011a)。

その後 F-4EJ について防衛庁は1982年に能力向上改修を行うことを発表し、改修されたものは F-4EJ 改と呼ばれるようになった。その主要な内容はレーダーやセントラル・コンピュータの換装、対地攻撃機能の強化、対艦ミサイルの携行能力の付与などである。対地攻撃機能の強化に関して、国会で問題視されたが、1983年5月に定期修理のために三菱重工業に搬入された 07-8431 機が試改修され、1984年12月に航空自衛隊納入、1986年に部隊使用承認が出た。90機が F-4EJ 改に改修されている。また、15機は電子偵察能力を有する RF-4EJ 偵察機に改造された（青木, 2009b、坪田, 2009、松崎, 2009）。

４．F-1支援戦闘機の開発

T-2 に後期型という戦技教育を行える機種が存在したため、同機は戦闘機に改造することも可能であり、防衛庁は T-2 を改造した FS-T2 改支援戦闘機の開発も計画した。昭和47年度予算にシステム設計や火器管制装置の試作費が計上された。1972年7月の装備審議会で FS-T2 改の基本要目が

F-1（筆者撮影・三沢市大空ひろば）

決定し、システム設計が開始された。ただし、その後、国防会議議員懇談会において安価とされる米 F-5E 戦闘機の導入を主張する意見や衆議院予算委員会で爆撃装置を問題視する論議が起きた。

1973年に細部設計を開始、1975年に FS-T2 改の2機が初飛行を行い、1976年に防衛庁長官の部隊使用承認が下り、同機は F-1 支援戦闘機と命名された。F-1 は昭和50年度予算で発注が認められ、三菱重工業が主契約企業となり昭和59年度まで77機生産された。当初の計画では120機、4個飛行隊の編成が計画されたが、3個飛行隊にとどめられた。同機の設計には T-2 との共通化を極力図るという配慮がなされた。同機の装備品の国内開発割合は56.5パーセントであった（日本航空宇宙工業会,1987、日本航空宇宙工業会, 2003、久野, 2006b、久野, 2006c、福永・山田, 2010）。

福永・山田（2011a）が取材した三菱重工業関係者は T-2 並びに F-1 の開発より、製品技術としては超音速機設計技術、機関砲システム、電磁干渉対策技術などを習得でき、生産技術としてチタン成型加工法、マグネシウム大型鋳物、アルミ大型鍛造、ハニカム製造溶接技術、各種試験技術などを習得したことを指摘している。

F-1 の特徴は対艦攻撃を行うために空対艦ミサイルを搭載したことであり、我が国で初めて国産化した ASM-1 ミサイルを同機は搭載した。ASM-1 は三菱重工業が主契約企業、川崎重工業・富士重工業が協力企業という体制で開発された。同ミサイルは同時期に開発された米ハープーン対艦ミサイルと比較して量産コストが低くなった（久野, 2006c、三菱重工業株式会社社史編さん委員会, 2014a）。

５．P-3C哨戒機のライセンス生産

1972年の国防会議議員懇談会において、次期対潜哨戒機の国産計画が白紙となり、その後国防会議事務局に設置された次期対潜機及び早期警戒機専門家会議、防衛庁をはじめとする関係省庁や国防会議での検討の結果、昭和52年度に新たな哨戒機としてロッキード社において開発された P-3C 哨戒機を導入することが決定された。同機はロッキード社のターボプロップ旅客機エレクトラを母体としており、搭載能力も大きく、航法電子機器・対潜探知機・情報処理システムなど大量の機器を装備することが可能である。また、キャビン内はすべて与圧され、搭載できる燃料の量も多く、長時間の哨戒飛行が可能となっている。

P-3C にはそれ以前の対潜哨戒機に搭載された対潜機器を一新した対潜機器を搭載し、デジタルコンピュータ、音速システム・ソノブイ、磁気探知機などの性能がそれ以前の対潜哨戒機と比較して向上した。当時潜水艦部隊との演習において「P-3C ショック」を潜水艦部隊に与えた。同機は

P-3C（筆者撮影・航空自衛隊百里基地）

川崎重工業によって当初はノックダウン生産、その後ライセンス生産が行われ、98機生産された。1997年に最終号機が引き渡された。副契約社として三菱重工業、富士重工業、新明和工業、日本飛行機が指名された。搭載電子機器は製造期間中から製造終了後に至るまで逐次近代化されている。

また、同機の製造技術を元に EP-3 電子戦データ収集機、UP-3C 試験評価機、UP-3D 電子戦訓練支援機が開発・製造され、また P-3C5 機は OP-3C 画像情報収集機に改造された（名古屋航空機製作所25年史編集委員会, 1983、日本航空宇宙工業会, 1987、日本航空宇宙工業会, 2003、大塚, 2007、竹内, 2009、川崎重工業ホームページ）。

6．T-2CCV研究機の開発

CCV（Control Configured Vehicle）とは航空機の各要素技術を飛行制御システムにより統合する ACT（Active Control Technology）を導入した航空機であり、運動性と静安定性の両立を図ることを可能とした航空機である。CCV の研究は1970年代から本格化し、初めての FBW（Fly By Wire）機として米 YF-16 試作機が1974年に初飛行を行った。

我が国では P2V-7 改造の可変特性研究機が FBW を有していたが、本格的な研究は昭和53年度から開始されることとなった。そのための研究機は T-2 をベースに製作され、同機は T-2CCV と命名された（赤塚, 2006）。福永・山田（2011a）が取材した三菱重工業関係者は同機の開発により製品技術として CCV 関連技術、生産技術として大型チタン拡散接合や CFRP 厚板成形加工技術、品質管理としてソフトウエア検証法や CFRP 超音波検証法、試験技術として FBW 試験、雷実験、飛行試験データ解析法などを習得したことを指摘している。

同機を用いた研究で収集されたデータはのちに F-2 開発の際に用いられるはずであった F-16 戦闘機の FBW ソースコードの供与が米国議会により阻止された際に用いられた。技本では昭和53年度から研究を開始し、その後2年間研究が行われた（日本航空宇宙工業会, 1987、日本航空宇宙工業会, 2003）。

７．F-15戦闘機のライセンス生産

1975年2月に次期主力戦闘機の選定が開始され、F-14、F-15、F-16、YF-17、ビゲン、パナビア 200、ミラージュ F-1M-53 の7機種が候補として挙げられた。同年4月には選定作業を主任務とする空幕防衛部第1分室が発足した。その7機種を同年6月から7月にかけて欧米諸国において調査を行い、YF-17 とミラージュ F-1M-53 は資料収集ができず、ビゲン、パナビア 200 は開発中であるため候補から外れた。

1976年5月から7月にかけて3機種の調査を行うために調査団が訪米し、8月に空幕長に報告書が提出された。ただし、1976年に米国議会が武器輸出管理法を制定し、2,000万ドル以上の武器の取引、ライセンス生産には議会の承認が必要となり、いずれの戦闘機も2,000万ドル以上であったため、同法に該当し、価格面で不明確な面が残った。そのため、三菱重工業に機体価格、石川島播磨重工業にエンジン価格、三菱電機に FCS 価格の調査を依頼し、同年9月に各社から回答が出された。

その後同年11月から12月にかけて来日した米国国防省関係者より米軍価格の説明があり、同年12月に空幕長が防衛庁長官に F-15 を採用すべしという上申を行った。ただし、この決定を政府方針とするには時間が足りなかったため、昭和53年度に予算計上することとなり、1977年12月の国防会議で F-15 を10年にわたり100機装備することを決定し、昭和53年度予算には23機購入する方針が決定した。それ以降の国防会議で取得機数が増加し、最終的に航空自衛隊に213機配備され、我が国は世界第2位の F-15 運用国となった（日本航空宇宙工業会, 1987、青木, 2008、佐藤, 2008、松崎, 2008）。

F-15 シリーズは米空軍が採用した大型の戦闘機でミサイルによる攻撃能力があると同時に大型のエンジンと主翼を有するため接近戦においても高い性能を有している。米空軍は1965年より次期戦闘機の研究を開始し、1968年に要求書を各軍用機製造企業に提示した。採用された F-15 はマクドネル・ダグラス社（現ボーイング社）が設計を行い、1969年12月に制式採用されることが決定した。同機には制空戦闘機である機種以外に長距離阻止攻撃機である F-15E およびその輸出型機種が存在する。F-15 シリー

ズを購入した国は米国、日本、イスラエル、サウジアラビア、韓国、シンガポールである（松崎, 2008、青木, 2010b）。

米空軍が次期戦闘機開発を開始した時期はベトナム戦争期であり、同戦争において米戦闘機は苦戦を強いられていた。例えば、北ベトナムはソ連製 MiG-21 を投入したが、同機は機動性が優れており高高度での対空戦闘能力は F-4 や F-105 に勝っていた（源田, 2008、西村, 2015）＊3。そのようなこともあり、F-15 は空中戦において敵戦闘機を撃破することを重視して設計されている。その開発には空中戦の科学的解析の第一人者であるジョン・ボイド大佐による「エネルギー・機動理論」などの研究が貢献している（松崎, 2008）。

我が国における F-15 のライセンス生産は1978年に三菱重工業が主契約企業、川崎重工業が副契約企業に指定され、製造分担については三菱重工業が前胴、中胴、最終組立および飛行試験、川崎重工業が主翼、後胴、尾翼、富士重工業が前脚および主脚ドア並びにチタン・ケミカル部品などと決定された（日本航空宇宙工業会, 2003）。

F-15J/DJ の生産を行うために1978年4月に三菱重工業・川崎重工業の関係者からなる調査団が訪米し、同年7月にマクドネル・ダグラス社から生産支援のための技術駐在員が来朝した。F-15 シリーズのライセンス生産を行っているのは我が国のみであり、米国国防省は当初先進技術の流出

F-15（筆者撮影・航空自衛隊百里基地）

を懸念したが、機体関係の大半の情報は提供された。特に、関心が高かった複合材技術（中胴部スピードブレーキや水平・垂直尾翼のトルクボックスに使用）は1981年に情報提供を受けて国産化が可能になった（名古屋航空機製作所25年史編集委員会, 1983、福永・山田, 2011a)。

ただし、TEWS（戦術電子戦システム）は技術情報が受けられなかったため、我が国において開発したいわゆる日本版 TEWS を開発・装備した（藤田, 1980、青木, 2015)。現在、我が国において F-15 に対する近代化改修が行われており、2004年から量産改修を実施している（三菱重工業, 2003、三菱重工業株式会社社史編さん委員会, 2014b)。

８．T-4練習機の開発

1981年に次期中等練習機（MT-X）の予算化が図られ、同年4月に軍用機製造企業各社に防衛庁から設計提案要求が行われた。MT-X の開発に際しては T-33A や T-1 を代替し、高度な飛行教育も可能であることやコスト低減も求められた。1981年9月に川崎重工業案を採用することが決定し、川崎重工業を主契約社とすることが決定され、中等練習機開発チーム MTET が結成された。MTET は川崎重工業、三菱重工業、富士重工業、新明和工業、日本飛行機の技術者で構成された。当初約100名の陣容で基本設計がスタートして、ピーク時には200名前後の技術者が設計に携わっ

T-4（筆者撮影・航空自衛隊百里基地）

た（日本航空宇宙工業会，1987、松崎，2005b、前間，2010）。同機の設計責任者であった川崎重工業の小田清徳は前間（2010）の取材に対し、同機の開発は若手技術者が経験を積む機会となり、のちのP-1哨戒機、C-2輸送機の開発に続いたことを指摘している。松崎（2005b）は同機は長期間にわたり航空自衛隊パイロットの訓練体系の中核となるため、開発当時の最新技術、例えば損傷許容設計や複合材の使用などが用いられていることを指摘している。また、予算の問題が重視されるようになったため、「デザイン・トゥ・コスト」が適応され、設計部門中にコスト管理班が設けられた（前間, 2010）。同機は1985年にロールアウト、同年初飛行に成功している。2003年に同機の最終号機が納入されている（JWings, 2005a）。

9．F-2戦闘機の開発

F-1の後継機を国産開発することは昭和40年代から検討されており、防衛庁技術研究本部は複合材、戦闘機形状、運動能力向上、火器管制装置、コンピュータ、RCS低減形状などの研究を昭和40年代後半から昭和60年代にかけて実施した。1983年の国防会議において次期支援戦闘機（FS-X）を含む五六中業が了承され、1985年にFS-Xを国内開発、現用機の転用、外国機の導入の三つの選択肢で検討を開始したが、国内開発が防衛庁・軍用機製造産業の大半の意向であった（日本航空宇宙工業会, 2003、帆足, 2014）。

帆足（2014）は1985年に三菱重工業と川崎重工業がFS-Xの開発案を関係筋に配布したことを指摘している。しかし、米国からの政治的圧力があり、1987年10月にFS-Xは米国製F-16戦闘機（ジェネラル・ダイナミクス社軍用機部門が開発・現ロッキード・マーチン社）を改造母機として開発されることが決定された。F-16からF-2への改造点は、①旋回性能向上のため主翼面積を増大、②軽量化のため複合材など先進材料や先進構造技術を適用、③離着陸性能向上のため、エンジンを推力向上型に換装、④ステルス性向上のため電波吸収材を適用、⑤火器管制能力向上のため最新レーダー等先進搭載電子機器を採用した、などである。また、F-16には搭載不可能な対艦攻撃ミサイルを搭載することも可能となった。改造に当たっては我が国で開発された新技術を導入したが、その代表例として一体成型複合材主翼構造、先進的なレーダーであるアクティブフェーズドアレイレーダー、FBW ソースコードなどが挙げられる（神田, 1996）。

1990年3月に三菱重工業内に次期支援戦闘機設計チーム（FSET）が編成された。FSET は設計チーフの下、全体計画室、空力設計室、飛行制御設計室、構造設計室、装備計画室、アビオ設計室からなり、1990年の発足当時約120名、最盛期は約330名からなるチームであった。1992年6月に実物大模型が製作され、機体形状・構造、パイロットの視界、艤装・装備品の配置や整備性などが確認された。細部設計は各社に持ち帰って行われ、1994年2月に終了した。初号機は1995年1月にロールアウトし、1995年10月に初飛行を行った。

飛行試験機は4機製造され、2000年6月まで試験が行われた。1996年7月に日米政府間で F-2 量産に関する日米の枠組みを定める了解覚書が締結され、同月に量産する主契約社として三菱重工業、協力会社にロッキード・マーチン社、川崎重工業、富士重工業が指名され、1997年3月に量産第一次契約が締結された。量産初号機は2000年9月に航空自衛隊に納入された。2011年に最終号機が防衛省に引き渡され、生産終了となった（神田, 1996、神田他, 1996、松宮他, 1998、日本航空宇宙学会, 2000、防衛技術ジャーナル, 2001、日本航空宇宙工業会, 2003、航空自衛隊50年史編さん委員会, 2006、戦闘機の生産技術基盤の在り方に関する懇談会, 2009、松宮, 2009）。

関（2012）が行った F-2 開発に関わった三菱重工業関係者への聞き取りによれば、軍用機の基本設計は防衛庁（当時）からの要求を元に機体の大きさや燃料搭載量を考え、最初の基本形態を決めるが、F-2 の場合、F-16 という改造母機が存在するため要求を満たすための改造点の検討を行ったうえで最初の基本形態を決めたことが指摘されている。ただし、同機は F-16 という母機があったものの、全く新たな戦闘機を設計するものであるという認識の下で設計されている。

F-2 の設計チームリーダーであった神田國一は前間孝則の取材に対し、平屋を二階建てにする場合、時には一階の土台までも掘り起こして骨を太くすることもあるが、航空機の設計はそのようなものであり、例えば主翼を単純に大きくするだけのものではないこと、また F-16 に制約されることはなく、チームメンバーに F-16 を鵜呑みにせず、より合理性を追求することを求めた。また、ジェネラル・ダイナミクス社からの技術供与が制限されていた面があったからこそ先進技術を反映することができたことを指摘している（前間, 2009b、前間, 2010）。

福永・山田（2011a）が取材した三菱重工業の関係者は母機である F-16 の技術並びに T-2・F-1、T-2CCV などの国産開発機の技術、そして三菱重工業が改修を行った F-4EJ 改の技術を F-2 に活用したと述べている。また、F-2 では T-2・F-1 開発時の若手が開発の中心となり、T-2・F-1 のような超音速機の開発を経験していると「勉強になった」ことが多々あったことを指摘している。例えば、F-16 のミサイル搭載方法を同機の設計図を見てフラッターの危険があることを指摘した担当者が存在し、T-2・F-1 の設計に参加した人は F-2 では「これはだめ」と言うことができたと証言している。基本設計完了後、風洞試験や構造要素試験を経たうえで、外板の厚さなどを決める細部設計に入り、航空機の形状やシステム構成が固まった時点で、各社製造部位が決まり、その後は各社に持ち帰って製造設計を行った。同機の試験においては電子戦能力評価システムが活用された（航空自衛隊50年史編さん委員会, 2006、関, 2012）。

山田・福永（2012）が聞き取り調査を行った三菱重工業関係者は FSET の運営に際しては基本的に技術者の自主性を尊重しつつ意見を集約するという手法が採用されていたと証言している。例えば、ある班が決定したことが、他の班の担当している構造に影響を与える場合、班間調整が行われた。リーダーはその決定が行われた場合と行われなかった場合を討議させ、合意を形成させたが、リーダーが前面に出るのは対立が解消しなかった場合のみで、その場合、「できませんというのはなし」という原則を提示し、調整が図られたことを指摘している。

また、外国企業を含めた複数企業出身者からなるチームを運営する際はメンバー間の情報共有、例えば開発作業の進捗状況を全員で共有することが考慮されたことを指摘している。それは、他社からの出向者は設計終了までに何を行うかを気にしたためであった。そのため、神田國一は毎日の

Morning Meetingに配布するFSET Newsを作成し、前日の主要決定事項、当日の会議・来客予定、直近の対官報告などの情報共有を図った。

そして、月2回の班長会議において作業計画表上の進捗状況や問題点などを協議した。ジェネラル・ダイナミクス社からの出向者も分け隔てなく会議に参加することとし、会議は日本語を主にして、ジェネラル・ダイナミクス社からの出向者に要点を英語で説明し、ホワイト・ボードには英語で記述するなどの配慮が図られた。ジェネラル・ダイナミクス社が担当した主翼本体図面、製造用治具の図面や手順書も英訳する必要があり、担当者の作業量が増加した（神田, 1996、福永・山田, 2011a、三菱重工業株式会社社史編さん委員会, 2014a）。

同機の調達は当初予定より少ない94機であったが、2015年現在事故で損失した機体は東北地方太平洋沖地震で水没した機体を除くと工場修理時での配線ミスが原因により墜落した1機のみである。同機は我が国の地政学的状況を反映した対艦攻撃力を重視しASM-2対艦ミサイル４発を搭載できる能力を有している。平成16年度契約分以降の機体にはGPSを利用した精密誘導爆弾JDAMを運用するためのGPS受信機が搭載されており、それ以前に製造された機体には平成21年度からGPS受信機の搭載を開始している。また国産空対空ミサイルAAM-4運用能力付与のための改修が行われている（奈良原, 2009、竹内, 2011、宮脇, 2013、青木, 2014）。F-2試作機の初飛行から量産初号機の配備までにかかった時間は約5年であるが、赤塚（2009）は同世代の改造開発機であるF/A-18E/Fが約4年、新規開発機のユーロファイターやラファールが約10年であることと比較しても遜色ないことを指摘している。

F-2は当初141機の調達予定であったが、2004年に98機に削減され、最終的には94機が調達されることとなった。F-2の調達中止の理由としては調達価格が当初1機80億円であったのが120億円になった、機体が小さく性能向上余地が少ないなどが指摘された（青木, 2010c、小野, 2011）。しかし、小野（2011）はこれらの理由はF-2がF-16を母機とし、米国企業が開発を分担したことから自明のことであることを指摘し、実際には当時の小泉政権が「厳しい」財政事情を背景に防衛予算を削減する中、弾道ミサイル

（BMD）システムの導入を強引に進めたことを指摘している。また、軽量戦闘機である **F-16** を母機とした小型の機体であることを問題視する意見があるものの、宮脇（2013）は電子技術の高性能化、小型化により **F-2** の能力向上が期待できることや国産機であるがゆえに航空自衛隊が主体的に改修を計画、実施できることを指摘している。現にアビオニクスの高性能化や新型兵装の搭載による能力向上が図られている（小野, 2011、竹内, 2011、宮脇, 2013）。2004年10月の横浜での国際航空宇宙展でロッキード・マーチン社は **F-2 Super Kai** と称する戦闘機の展示を行った（関, 2009）。

予算が高騰したことに関しては、変則的で我が国にとり不利な開発・生産体制であったことが影響していると考えられる。**F-2** の開発・生産は松宮（2009）が指摘するようにユーロファイターなどで行われた「共同開発」ではなく、同機を装備するのは航空自衛隊のみで、開発経費は我が国のみで負担し、**F-16** で開発された技術は我が国側に限定的に供与されるのに対し、我が国で開発された派生技術は無償で米国側に供与されるという条件下で行われた。

また、当初開発総経費が1,650億円であったのが、3,320億円になったことも米国企業が開発・製造に加わったことに起因する。松宮（2009）は1,650億円という案は1987年12月時点で **F-16** のデータを我が国が購入し、米国人技術者の指導の下、我が国で開発を行うという前提で積算したものであるのに対し、3,320億円という数値は米国企業が開発・生産分担を行

F-2（筆者撮影・航空自衛隊百里基地）

うという条件の下で再計算を行い、年度展開を図ったうえでの数値であることを指摘している。

小野（2011）は1989年の日米間の書簡交換で米国企業がワークシェアの40パーセントを量産段階で確保するという取り決めがなされたため、我が国の企業が量産コスト削減のため努力したのに対し、米国側は開発総経費が高騰するほど40パーセントの総額が増え、日本側が求めるコスト削減に積極的ではなかったことを指摘している。また、F-2 の生産初期段階での米国側製造部位に品質上の不備があった。この他、F-2 の調達が削減された要因として、F-2 の調達期間が長引いたため、F-X 調達への影響を懸念したことを指摘する意見がある（赤塚, 2009、小野, 2011）。

ただし、小野（2009）は F-2 の生産停止の決定により、我が国側の時間的余裕が失われ、F-X 交渉相手から足元を見透かされる事態を生じさせ、F-X 選定が混迷する一因になったのではないかと指摘している。また、F-X 計画の遅延により、F-2 が追加調達されるという報道が2010年になされた。この案は社の F-2 生産ラインが撤去されている等の理由では実現されなかった（小野, 2011、小林, 2012、菅野, 2013、関, 2013、三菱重工業株式会社社史編さん委員会, 2014b）。

10. US-2飛行艇の開発

US-1A の後継機が必要となり、1996年に新明和工業を主契約企業として US-1A 改の開発が開始され、開発チーム USMET が結成された。海老（2014）は同機の開発は、大型機の開発としては STOL 実験機飛鳥以来となることを指摘している。同機の開発は新明和工業において30年ぶりの飛行艇の開発であり、PS-1 や US-1 を担当した従業員は当時少数しか在籍しておらず、前間（2010）はそのため同機の主任設計者は7人となり、そのうち4人は主協力会社の川崎重工業の従業員であったことを指摘している。

同機の改造開発での主任設計者であった新明和工業の石丸（2015）は US-1A の長所を残しながらフライ・バイ・ワイヤの採用、与圧キャビン

US-2（筆者撮影･航空自衛隊百里基地）

の導入、エンジンのパワーアップ、グラス・コクピットの導入、与圧キャビン導入・エンジン換装による重量増を補うために複合材や最新加工技術を導入して軽量化を図ることなどが改善項目として盛り込まれたと述べている。同機は実用大型機として我が国初のフライ・バイ・ワイヤの導入が図られ、与圧が行われたため、高高度飛行が可能となり、患者輸送環境が改善した（海老, 2014）。

海老（2014）は「デザイン・トゥ・コスト」の考えから部品点数の削減と標準化を図ることが求められたことを指摘している。石丸は前間（2010）の取材に対し、当初基本構想が予算を上回るものとなっていたことから、計画を見直し、CFRP の使用を予定した箇所をアルミ合金などにしたが、それにより重量が増加することとなり、そのために各進捗段階で何度も軽量化を図ったと述べている。また、複数企業出身者からなる設計チームにおいて図面を描き直させることにより「気まずい空気」（前間, 2010、121頁）が流れたことや飛行艇は着水を行うために複雑な形状をしており、設計条件が厳しくなり、計算の繰り返しが必要であったことを指摘している。同機は2003年に初飛行を行い、2007年に部隊使用が承認され、名称が US-1A 改から US-2 に改められた。同機は現状では5機製造されたが、インドが同機の導入を検討し、2013年に「US-2 飛行艇の協力の態様を模索する合同作業部会」が設置されている（海老, 2014、石丸, 2015）。

11. P-1哨戒機・C-2輸送機の開発

防衛庁は新型哨戒機や新型輸送機に関し、1980年代から要素研究を開始し、1990年代からは基礎研究を行っていた（前間, 2010)。川崎重工業は防衛庁より2001年に P-1 哨戒機並びに C-2 輸送機の開発・生産の主契約企業として指名され、三菱重工業、富士重工業、日本飛行機などの協力企業とともに「オール・ジャパン体制」で開発に着手した。本設計は650人の設計技術者が参画して作成し、その後の製造図面の作成段階で各社に持ち帰り、約1200人が参画した（小林, 2007、前間, 2009a)。

P-1 は現行の P-3C を C-2 は現行の C-1 を上回る速度、航続距離、搭載量を実現させている。P-1 には実用機世界初となる耐電磁干渉性に優れたフライ･バイ・ライトシステムが装備され、新規開発の音響システム、レーダーシステム、戦闘指揮システム、国産ターボファンエンジン F7-10 が装備されている＊4。C-2 は国産開発機最大級の大きさであり、新規開発のフライ・バイ・ワイヤシステム、戦術輸送任務用の飛行管理システム、省力化した搭載卸下システムを採用している（小林, 2007)。同機は我が国の道路交通法で走ることが可能な車両を短時間で空輸することを目標として開発された（JWings, 2015a)。XP-1 飛行試験機1号機は2008年に、XC-2 飛行試験機1号機は2010年に防衛省に納入されている（加賀, 2013)。P-1 は2013年3月に機体の開発完了が発表された（竹内, 2013)。

この2機種は「同時開発」となったが、それは井上(2004)が指摘するように「財政状況」を理由とする、コスト抑制圧力が存在したためである。両機のチーフデザイナーであった川崎重工業の久保正幸理事は、これら2機の開発プロジェクトは国家予算的にワンプロジェクトで２機作成するツーアウトプットを求められたと述べている(前間, 2009a)。設計方法は最初の概念設計では独立した航空機を設計し、その後共通化できる箇所を検討するという方法で行った。ただし、前間(2010)の取材に対し、久保は概念設計を逸脱してまで共通化を行うことはしなかったが、要求性能としてマッハ数が同じだったため、主翼の空力設計は共通化したと述べている。両機の開発では主翼外翼、水平尾翼、風防の機体構造、搭載装備品の共有

XC-2（旧防衛省技術研究本部・現防衛装備庁提供）

XP-1（旧防衛省技術研究本部・現防衛装備庁提供）

化が図られ、デジタル・モックアップなどの IT 技術を活用するなどで低コスト化が図られ、開発費を約250億円削減した（小林, 2007）。

12. 第五世代戦闘機の登場、次期戦闘機（F-X）計画とその問題点

2004年の安全保障会議において平成17年度から平成21年度にかけての中期防衛力整備計画が決定され、老朽化が進む F-4 の後継機を整備することが決定された。この計画は次期戦闘機（F-X）計画と称されており、2005年に空幕防衛部次期戦闘機企画室が設立された。F-X 計画では戦闘機の新

規国産開発を行う時間的余裕がないため、外国機の導入が検討され、2006年から2008年にかけて調査が行われた。航空自衛隊はロッキード・マーチン社の F-22、F-35、ボーイング社の F/A-18E/F、F-15FX、ユーロファイター社のユーロファイター・タイフーン、ダッソー・アビアシオン社のダッソー・ラファールを候補として検討した。当初、F-22 の導入を求める意見が有力であったが、米国が同機の情報開示を認めず、その後米国が F-22 の生産停止を決定したため、その導入は不可能となった＊5。政権交代による中期防衛力整備計画の決定の遅れにより機種選定作業の遅れが生じた（小野, 2009、青木, 2010c、青木, 2011b、竹内, 2011、宮脇, 2011）。

2011年1月に防衛省内に次期戦闘機インテグレーテッド・プロジェクト・チーム（IPT）が発足し、4月に航空自衛隊から企業・外国政府に対して次期戦闘機の提案要求書に関する説明会が開催され、９月に提案書受領を締め切った。最終的に F-35、F/A-18E、ユーロファイター・タイフーンが候補となった。なお、ユーロファイター・タイフーンを我が国に売り込んだのは BAE システムズ社である（青木, 2011b、小林, 2011、竹内, 2011、宮脇, 2011）。

12月13日には岩崎茂航空幕僚長が一川保夫防衛大臣に F-35 を最適とする旨を上申し、14日に防衛省内で内定したことが政府・与党幹部に報告され、20日の安全保障会議で F-35 を今後20年間で42機調達することが決定された。我が国においては部品の約4割の生産と最終組立が認められるとされ、同機の製造・修理に三菱重工業（機体）、IHI（エンジン）、三菱電機（電子機器）が参画することが決められた。我が国に FACO と称する最終組立および検査施設が置かれることとなった（産経新聞, 2011、日本経済新聞, 2011、井上, 2015）。

F-35 戦闘機は候補となった3機種では唯一、いわゆる第五世代戦闘機と呼ばれる戦闘機である。第五世代戦闘機の嚆矢となったのは F-22 であり、同機は1981年に米空軍から米軍用機製造企業各社に情報要求が提示された次期戦術戦闘機計画（ATF 計画）により誕生した戦闘機である。ATF 計画において、ステルス性、スーパークルーズ（アフターバーナーなしでの超音速巡航）、統合型先進アビオニクス、ポストストール機動性、STOL 性能などが次期戦術戦闘機の必須の条件となった。そして1991年にロッキード社案が採用され、F-22 が開発、配備されることとなり、技術・製造開発（EMD）テスト用 F-22A1 号機は1997年にロールアウトした（松崎，2011）。

なお、第五世代戦闘機の特徴についてロッキード・マーチン社は超低視認性、優れた機動性、センサー融合による高い状況認識力、優れた維持・管理性、高い展開能力、ネットワークを活用した作戦能力の諸特徴とそれらが有機的に組み合わさり機能していることを指摘し、同社が開発した F-22 や F-35 がその諸特徴を具現化していると称している（青木，2012b、JWings，2015b）。ただし、松崎（2011）はこれらの諸特徴のうち幾つかは F-22 の前後に就役したユーロファイター・タイフーンなどでも達成しているものもあり、また F-35 においてスーパークルーズは求められていないことを指摘している。

F-35 は米空軍、海軍、海兵隊並びに英国空軍・海軍の軍用機を一つの基本設計から開発する統合攻撃戦闘機（JSF）計画により開発・生産されることとなった戦闘機であり、そのために通常離着陸型、短距離離陸垂直着陸型、艦上型の3種類が開発されている戦闘機である。JSF 計画での要求提案書は1996年に米軍用機製造企業に発出され、ロッキード・マーチン社、マクドネル・ダグラス社（BAE システムズ社と共同提案）、ボーイング社が応募した。その結果、ロッキード・マーチン社とボーイング社が概念実証（CDP）機を製作し、開発担当企業を決定することとなり、2001年にロッキード・マーチン社案の採用が発表された（BAE システムズ社はマクドネル・ダグラス社落選後、ロッキード・マーチン社と作業を続けることとした）。

F-35 はロッキード・マーチン社の他にイギリス、イタリア、オランダ、オーストラリア、カナダ、デンマーク、ノルウェー、トルコが開発・生産に参画しており、イスラエルとシンガポールが保全協力パートナーとして参画している。同機の製造は国際的な分業体制で行われている。このように同機は「国際共同開発機」であり、その後方支援システムとして世界規模で部品をプールして融通し合う ALGS（Autonomic Logistics Global Sustainment）と称するシステムに導入国全てが参加する。このシステムの下では我が国の企業が生産した部品が他の導入国に移転する可能性があり、武器輸出三原則等との関係を整理する必要があるため、政府は2013年３月に米国政府の一元的管理の下、移転は国連憲章の目的と原則に従うF-35 導入国にのみ限定されるなどの前提の下、武器輸出三原則等によらないとした内閣官房長官談話を発表した（青木, 2011a、青木, 2011c、産経新聞, 2011、日本経済新聞, 2011、青木, 2012a、防衛省, 2013、JWings, 2015c、JWings, 2015d）。

同機は我が国の航空機関連企業の参画という点だけにおいて、選定時に他の機種より低く採点された。それは同機が米国政府による有償対外軍事援助（FMS）による取得であり、かつ「国際共同開発機」であることにより、全ての部品の国内生産は認められないということに起因する。我が国において4割の生産が認められたことについて、国内防衛企業大手からは納得できる水準であると評価する意見があるが、防衛省関係者は4割という数値は目標水準であり、今後の交渉で目減りするのは避けられないという指摘を行っている（産経新聞, 2011、日本経済新聞, 2011、防衛省, 2013、吉岡, 2015）。この他、竹内（2014、2015）は42機という生産機数の少なさや初期費用の負担方法での問題が企業側に生産への参画を躊躇する傾向をもたらしている可能性を指摘している＊6。2015年現在、FACO は三菱重工業小牧工場に置かれているが、三菱重工業は後部胴体製造に参画することを留保している（吉岡, 2015）。

F-35 は候補の3機種の中では最新鋭機であるが、選定時において開発段階であり、不安定要素が存在した。竹内（2012b）は性能評価においてオペレーションズ・リサーチ手法が用いられたが、実戦参加経験があるF/A-18E、ユーロファイター・タイフーンと目標値や期待値しか現状では存在しない F-35 を比較することに疑問を呈している。この他、パイロットの評価を加味しなかったことなども問題であることを指摘している。

この選定は F-4 が老朽化する逼迫した事態であったにもかかわらず、その決定が遅れたために我が国の国防上悪影響を与えているだけでなく、我が国の戦闘機開発・生産体制にも悪影響を与えている＊7。この問題の原因は多々指摘できるが、根本原因として我が国の軍用機製造企業が直面する制約条件の一つである国防を「軽視」する風潮が存在していることがあると考えられる。それを象徴するのが2011年12月の選定公表前後の事態である。本選定は一川保夫防衛大臣（民主党）への参議院での問責決議が可決された直後に正式決定されている。一川氏は決議への対応に追われ、経過報告や F-35 の不具合についての米国側からの「内部告発」を分析・検討した形跡がないことが指摘されている（産経新聞, 2011）。

13．将来戦闘機の研究開発

このように我が国の戦闘機開発・生産に関しては楽観視できない状況が続いているものの、我が国は国として先進技術実証機の開発や様々な研究を行い、戦闘機を国産開発できる能力を維持する努力を行っている。林（2010）によれば F-2 の開発では機体技術の分野において独自技術を育てる機会を逸したため、1990年から機体技術の継承・発展のための技術実証機構想が生まれ、戦闘機の将来の趨勢であるステルス性と高運動性を両立する先進技術実証機を開発することとなった。そのために「将来航空機主要構成要素（その１）の研究試作」、「ステルス・高運動機模擬装置の研究試作」、「高運動飛行制御システムの研究試作」の諸研究が行われ、平成21年度から実証機を製作する「先進技術実証機の研究試作」が開始され、2014年に飛行試験機が公開され、2016年に初飛行を行った（宮川他, 2008、小林, 2010、加賀, 2012、軍事研究, 2014）。

「将来航空機主要構成要素（その１）の研究試作」では模型を製作し、ステルス性と高運動性を両立する機体の基本的な形状を策定した。「ステルス・高運動機模擬装置の研究試作」では機体の基本諸元を策定した（林, 2010）。「高運動飛行制御システムの研究試作」はステルス性と高運動性を兼ね備えた将来小型航空機を実現するための研究で、全機実大レーダー反射断面積（RCS）試験模型や実飛行可能なスケールモデルなどが設計・製作された。小林（2010）は全機実大 RCS 模型の試験結果により我が国のステルス性に関する研究は米国に次ぐ位置にあるという見方が有力になっていることを指摘している。

X−2（先進技術実証機）（防衛装備庁提供）

先進技術実証機はエンジンも国産エンジンを搭載する。それは将来の戦闘機では高運動性を確保しながらパイロットを過酷なＧから解放するPost Stall Maneuver（PSM）能力を持つことが期待されているが、それを実現するためにはエンジン制御と飛行制御を統合する必要がある。そのために「実証エンジンの研究試作」が行われた（林, 2010、防衛省技術研究本部ホームページ）。

先進技術実証機の開発・製造は三菱重工業が中心となり行われ、同社で先進技術実証機を担当しているのは名古屋航空宇宙システム製作所航空機技術部であり、先進技術実証機の設計チームは2010年時点で200名強であった（小林, 2010）。同航空機技術部の岸信夫次長は小林春彦の取材に対し、先進技術実証機が順調に進めば将来国産戦闘機の開発を希望し、そのタイミングは実証機完了後速やかに行うべきであるという考えを示している。それは平成28年度を境に F-2 開発の経験があるベテラン技術者の退職が本格化するためである（小林, 2010）。

実証機による飛行実証は機体技術が中心であるため、アビオニクス関連の研究は別途行われた。その主要な研究として「スマートスキン機体構造の研究」がある。スマートスキンは航空機の外形に沿って設置されるコンフォーマル・レーダーであり、航空機の探知能力を向上させるものである（林, 2010、小林, 2010）。

また防衛省・自衛隊は2010年に「将来の戦闘機に関する研究開発ビジョ

ン」を公表した。これは戦闘機の生産技術基盤の在り方に関する懇談会の報告を受け、F-2 後継機の取得を検討する時期に国産開発機を選択肢として考慮できるように将来戦闘機のコンセプトと必要な研究事項を整理したものである。同ビジョンには公表された時点から20年から40年先の戦闘機像と求められる技術が示してあり、我が国の航空戦力の数的劣勢を技術力で補うことが強調されている。将来戦闘機には「カウンターステルス」、「情報・知能化」、「瞬間撃破力」、「外部センサー連携」という特徴があるとされ、以下の要素技術によりそれらの特徴が形成されることが述べられている。

①クラウド・シューティング（誰かが撃てる、撃てば当たる、射撃機会の増大と無駄弾の排除）
②数的な劣勢を補う将来アセットとのクラウド
③撃てば即当たるライト・スピード・ウェポン
④フライ・バイ・ライト（電子戦に強い）
⑤敵を凌駕するステルス
⑥次世代ハイパワー・レーダー
⑦次世代ハイパワー・スリム・エンジン

これらの要素技術のうち、④フライ・バイ・ライトは開発移行可能な技術レベルに達しており（P-1 が実用機として世界初）、他も研究が進行しているかもしくは研究が行われる予定となっている。①クラウド・シューティング、②将来アセットとのクラウドにはミサイル技術、ロボット技術、高速移動体通信技術、モバイル・オンライン・コンテンツ技術、⑤敵を凌駕するステルスに関してはシリコン・カーバイド繊維、プラズマテレビ用電磁シールド、メタマテリアル技術等の素材技術、⑥次世代ハイパワー・レーダーにはパワー半導体デバイス技術、⑦次世代ハイパワー・スリム・エンジンに関しては耐熱材料技術など我が国が得意とする技術を用いることが強調されている。なお、開発段階の経費は5,000億円から8,000億円規模である（防衛省, 2010b）。

2011年9月に防衛省技術研究本部内に「将来戦闘機検討推進プロジェクト準備室」が発足している。2013年に閣議決定された中期防衛力整備計画（平成26年度～平成30年度）においても、国際共同開発の可能性を含め、開発を選択肢と考慮できるよう、実証研究を含む戦略的な検討を推進し、必要な措置を講ずることが示されている（小野, 2014、防衛省ホームページ)。

将来戦闘機の研究として、先進技術実証機以外に「将来戦闘機機体構想の研究」では将来戦闘機の概念を３次元デジタル・モックアップによりイメージ化、各種シミュレーションによる評価を実施し、将来戦闘機の諸元・性能の概定を進め、「次世代エンジン主要構成要素の研究」や「戦闘機用エンジン要素の研究」においてエンジンの入口面積が小さく大きな推力を生むエンジンの開発を進めている（小野, 2014)。

そして「将来戦闘機の技術的成立性に関する研究」において機体成立性を検証し、「戦闘機用エンジンシステムに関する研究」において次世代エンジンシステムの試作を行う（宮脇, 2016)。また、兵装ベイ設計のために「ウェポン内装化空力技術の研究」や「ウェポンリリース・ステルス化の研究」が行われている。この他に「機体構造軽量化技術の研究」、「先進統合センサ・システムに関する研究」、「戦闘機用統合火器管制システムの研究」、「先進 RF 自己防御シミュレーションの研究」等も進められる（加賀, 2012、小野, 2014、宮脇, 2016)。

14.「逆風」下での革新

このように昭和40年代以降の我が国軍用機製造企業は我が国が経済大国化したにもかかわらず、非常に困難な状況に置かれていた。中村（2012）が指摘するように、これが我が国の航空機産業が他の先進国と比較して小規模であることの大きな要因ともなっている。これは無論、政治的な要因が大きい。また、高山捷一が指摘するように、世代交代と戦時を経験した世代から見て自主開発への意気込みが薄れていったという評価も否定できない。しかし、このような「逆風」下に置かれていたにもかかわらず各種の先進的な軍用機を開発できた要因としては、官民双方で航空機に関わる様々な研究を進めていたことがまず指摘できる。また、様々な能力向上改修も能力の維持、向上に貢献していると考えられる。

山田・福永（2012）が取材した三菱重工業の関係者は我が国は米国とは異なり、大きな開発が連続する状況ではないが小さな研究を入れて経験を持続させ、小さなシステムインテグレーションを経験させることで学習の機会が創造されることを強調している。この他、前章でも指摘されている点だが、山田・福永（2012）が指摘するように実際の軍用機開発・生産を担当する軍用機製造企業が軍用機開発・製造に適したマネジメントを行っていることも指摘できる。特に軍用機開発の中核にある設計チーフ・チームリーダーによる部下の創造性の喚起、相互調整力の発揮、情報共有の促進、組織学習の土壌づくりなどが開発の成功に貢献している。これはこれまで様々な企業・産業を対象にして行われたイノベーション研究の先行研究に合致するものである。

このように「逆風」下にある企業・産業においては、そのような状況にあっても開発・研究を継続することと適切なマネジメントを行うことが良好な環境下にある企業・産業と比較してより重要であると結論付けられる。「逆風」下にある企業にとり、適切なマネジメントの重要性を示唆する研究として戦時期の中島飛行機武蔵野製作所の生産システムの合理化について佐々木（1992）が行った研究がある。佐々木は経営諸資源が欠乏化する状況において同製作所が唯一の生産性向上の可能性を人的資源に求めたことを指摘し、労働者からの提案制度などを導入し、それ以外の生産システムの改革とともにある程度の生産性の維持・向上を可能にしたことを指摘している。そして、従業員からの情報収集に努めたことが戦前・戦中・戦後の我が国での生産システム合理化の際に見られる連続的側面の一つではないかということを示唆している。この示唆は藤本（2004）の戦後の我が国企業において経営資源不足状況であったために従業員を「重視」した経営施策を行ったのではないかという指摘に通底し、現在の軍用機製造企業のみならず、「逆風」下にありながらそこから脱却しようとするあらゆる企業において重要な示唆となると考えられる。

注

＊1 ただし、3次防の策定は非公式的には1962年12月ごろから、正式には1964年1月から開始され、その直後には次期主力戦闘機候補として F-4C 戦闘機が早期警戒機候補として E-2A 早期警戒機が取り沙汰されていた（樋口, 2014）。

＊2 樋口（2014）が指摘するように周辺国は近年軍事予算を拡大しており、我が国の軍事予算は事実上激減している状態である。

＊3 藤田（1999）はベトナム戦争における空戦記録を分析し、米軍機と比較して簡素で小型である Mig-21 が善戦したと結論付けている。

＊4 P-1 に搭載することを念頭に開発した戦闘指揮システムの開発ではコンピュータや各種センサーなどは通信電子機器製造企業が開発を担当し、川崎重工業が全体のとりまとめを担当した（加賀, 2013）。

＊5 ただし、F-22 に関しては我が国におけるライセンス生産が認められる可能性が低く、それを問題視する意見も存在した。例えば、当時の田母神俊雄航空幕僚長は F-22 の導入を決定した場合、5年内に全てのブラックボックスを開示することを要求する腹積もりであったと証言している（春原, 2009、竹内, 2012a）。

＊6 竹内（2015）は輸出を行った場合、それにより得られた利益に応じて初度費の返還が求められる可能性があることを指摘している。初度費とは「特定の装備品のみで負担する（汎用品に効果を及ぼさない）設計費、専用治工具費、技術提携費等、主として製造の初期段階で投資される費用」（防衛省ホームページ）のことである。

＊7 F-4 老朽化の問題は RF-4EJ の老朽化による偵察能力の低下問題を引き起こす可能性が指摘されている（関, 2014）。

おわりに

戦後の我が国の軍用機製造に関わるナショナル・イノベーション・システムを本書では概観したが、極めて不利な外部環境下においては当事者の企業・団体のマネジメントがイノベーションを行うに当たり非常に重要であることが確認できた。しかし、そもそも我が国においては軍用機製造に関し、理不尽ともいえる逆風が存在していると思われる。無論、それは我が国の歴史的経緯から致し方ないのかもしれない。しかし、現在の我が国の置かれた危機的な状況を見るとこのような状況を脱却する必要があり、そのための提言を行うことは筆者の能力をはるかに超えるものとなる。ただし、軍用機を開発する技術は我が国の国防上必要であることを認識し、それを強固に貫くこと、また反対者に対して様々なバーゲニングを行う能力が必要であることを指摘しておく。

また、逆風の大きな要因として、無関心や誤解に起因するものが多い。本稿を執筆している平成27年に安全保障関連法案が審議されたが、特にそれに反対する意見は意図的か否かは不明であるが、誤解に基づく反対が多いことが目立った。そのような無関心や誤解を訂正する一助となれば筆者としては幸いである。

この他、我が国の防衛産業や航空機産業を担っている企業数の多さを指摘し、企業間の統合の必要性を主張する意見もある。確かに欧米諸国においてはこれらの産業内での企業統合が図られており、我が国の防衛産業や航空機産業の発展のためにも企業の統合は検討すべき選択肢であることは間違いない。ただし、独占には弊害が存在することや合併企業のマネジメントは困難を伴うこと、また技術的波及効果の高い航空機や防衛機器部門を有することで、民生品に関する競争優位を得ていると考えられる企業が存在する以上、企業統合は慎重に検討すべきである。

本書を執筆するに当たり、特に T-1 の開発について鳥養鶴雄氏に貴重なお話をお伺いし、航空自衛隊の方々に現在の軍用機の開発体制についてご指導を賜った。本書は筆者らが行ってきた軍用機製造企業の研究の成果が大いに反映されたものである。その研究において、軍用機製造企業や防衛省・航空自衛隊の関係者の皆様に多大にお世話になった。資料提供・写真提供等で富士重工業株式会社、防衛装備庁（防衛省技術研究本部）、かかみがはら航空宇宙科学博物館にご協力賜った。この他、所有する航空機の写真撮影・掲載許可をくだされた諸団体など、皆様に衷心よりお礼申し上げる次第である。最後に軍用機製造企業の研究の共同研究者である山田敏之大東文化大学教授にも心よりお礼申し上げる次第である。

参考文献・URL

【参考文献】

※以下の一覧にあるURLに関しては平成28年1月18日に確認されたものである。

相澤武（1993）「防衛機器の生産における品質管理要求と審査」『品質・日本品質管理学会誌』Vol.23No.4、98～105頁。

相澤武（1997）「MIL SPECにおける品質プログラム要求」『日本信頼性学会誌』Vol.19No.3、43～52頁。

青木謙知（2005）『現代軍用機入門』イカロス出版。

青木謙知（2008）「航空自衛隊の F-15J/DJ とは」『航空自衛隊の名機シリーズ 航空自衛隊F-15改訂版』イカロス出版、32～35頁。

青木謙知（2009a）『ボーイング787はいかにつくられたか』ソフトバンククリエイティブ。

青木謙知（2009b）「永遠のマルチロール・ファイター F-4 徹底解剖 機体のプロフィールからコクピット、ウエポン、ディテールまでを分析する」『航空自衛隊の名機シリーズ 航空自衛隊F-4改訂版』イカロス出版、25～37頁。

青木謙知（2010a）「現代のハイテク戦闘機頂上対決」『丸』2010年4月Vol.63,No.4、78～85頁。

青木謙知（2010b）『ジェット戦闘機最強50』ソフトバンククリエイティブ。

青木謙知（2010c）『自衛隊戦闘機はどれだけ強いのか？』ソフトバンククリエイティブ。

青木謙知（2011a）『世界最強！ アメリカ空軍のすべて』ソフトバンククリエイティブ。

青木謙知（2011b）「次期戦闘機 IPT が F-X 選定に年内決着をもたらす!! 日本の次期戦闘機F-X」『Jウイング』No.153、10～22頁。

青木謙知（2011c）「21世紀の主力戦闘機 JSF「F-35」」『丸 1月別冊 心神 vsF-35 空自次世代戦闘機と世界のステルスファイター』潮書房、88～97頁。

青木謙知（2012a）「7年にわたる長期戦を戦い抜いた F-X 最終候補3機種」『Jウイング』No.162、26～37頁。

青木謙知（2012b）「先制発見！先制攻撃！先制撃破！米空軍のみ保有する世界最強の第5世代ステルス戦闘機 『ロッキード・マーチン F-22A ラプター』」『軍事研究2012年4月号別冊 新兵器最前線シリーズ12 世界のステルス戦闘機』ジャパン・ミリタリー・レビュー、46～59頁。

青木謙知（2014）「F-2 徹底解剖」『航空自衛隊の名機シリーズ　航空自衛隊 F-2 最新版』イカロス出版、31～53頁。
青木謙知（2015）『F-15J の科学　日本の防空を担う主力戦闘機の秘密』ソフトバンククリエイティブ。
青田孝（2009）『ゼロ戦から夢の超特急』交通新聞社。
赤塚聡（2006）「T-2CCV －日本初の FBW/CCV 技術の礎を築いた研究機－」『世界の傑作機 No.116　三菱 T-2』文林堂、2006年、90～97頁。
赤塚聡（2009）「航空自衛隊の支援戦闘機　F-2 戦闘機の開発と能力」『軍事研究 2009年8月号別冊　空自 F-2/F-1 戦闘機と世界の戦闘攻撃機』、ジャパン・ミリタリー・レビュー、32～42頁。
荒木雅也（2012）「もう一つの「 F-X 」　どうする？ RF-4 の後継機」『エアワールド』Vol.36,No.2、1～6頁。
アンダーソン、ジョン･D、Jr.（2013）『飛行機技術の歴史』（織田剛訳）京都大学学術出版会。
飯山幸伸（2011）「セイバーの好敵手『ミグ15』朝鮮空戦記」『丸』Vol.64No.4、82～87頁。
碇義朗（2004）『帰ってきた二式大艇　海上自衛隊飛行艇開発物語』光人社。
石川潤一（2015）「P-1 の競合にして盟友 米海軍新哨戒機 P-8A ポセイドン」『航空ファン』No.754、56～63頁。
石丸寛二（2015）「紫電改から救難飛行艇 US-2/日本独創技術航空機・開発秘話」『航空と文化』No.110、20～29頁。
井上究（2004）「次期固定翼哨戒機・次期輸送機の開発」『機械の研究』Vol.56,No.1、98～103頁。
井上孝司（2015）「F-35 が日本を変える!」『世界の名機シリーズ　F-35 ライトニングⅡ最新版』イカロス出版、90～93頁。
エアライナークラブ（2006）『YS-11 物語　日本が生んだ旅客機182機の歩みと現在』JTB パブリッシング。
海老浩司（2010）「PS-1 の開発と運用」『世界の傑作機 No.139　新明和 PS-1』文林堂、18～31頁。
海老浩司（2014）「飛行艇進化型 US-2 プログレス－防衛省航空機輸出最有力候補機の軌跡と海外移転の課題」『航空ファン』No.744、22～29頁。
MSN 産経ニュース（2014）「防衛調達、形骸化の『入札』見直し　コストダウンへ随意・長期契約推進」2014年2月19日
http://sankei.jp.msn.com/politics/news/140219/plc14021907410002-n1.htm

大塚好古（2007）「海自「固定翼対潜機」に自信あり」『丸』Vol.60,No.10、90～95頁。
大塚好古（2010）「海自の次期固定翼哨戒機カワサキ XP-1」『軍事研究2010年10月号別冊　日本と世界の新型軍用航空機』ジャパン・ミリタリー・レビュー、30～43頁。
小野正春（2009）「F-X 選定　これまでの動きと課題点」『航空ファン』Vol.58,No.12、56～61頁。
小野正春（2011）「F-2 生産終了までの軌跡」『航空ファン』Vol.60,No12、60～63頁。
小野正春（2014）「防衛省技術研究本部が研究中の戦闘機開発計画から占う　航空自衛隊「将来戦闘機」構想」『航空ファン』Vol.63,No.2、50～57頁。
加賀仁士（2004）「F-104 ライセンス国産物語」『世界の傑作機No.104　ロッキード F-104J/DJ "栄光"』文林堂、70～83頁。
加賀仁士（2012）「国産ステルス実証機「心神」の未来」『丸　1月号別冊　心神 vs F-35　空自次世代戦闘機と世界のステルスファイター』潮書房、98～105頁。
加賀仁士（2013）「海自新ジェット対潜哨戒機「P-1」能力調査」『丸』Vol.66,No.1、55～63頁。
かかみがはら航空宇宙博物館（1996）『かかみがはら航空宇宙博物館』川重岐阜サービス。
片瀬裕文（2008）「世界の航空機産業の動向と我が国の航空機産業の将来」『飛翔　航空機産業公式ガイドブック』経済産業調査会、11～27頁。
川崎重工業（1986）『九十年の歩み－川崎重工業小史』川崎重工業。
川崎重工業（1997）『夢を形に　川崎重工業株式会社百年史』川崎重工業。
河津幸英（2009）『図説　アメリカ空軍の次世代航空宇宙兵器』アリアドネ企画。
川西康夫（2008）「「水陸両用飛行艇 US-2」の多用途展開による民間転用について」『飛翔　航空機産業公式ガイドブック』経済産業調査会、127～155頁。
神田國一（1996）「XF-2 開発を顧みて－「航空機搭載武器部会」設立記念講演より－」『月刊 JADI』No.590、2～7頁。
神田國一他（1996）「次期支援戦闘機" XF-2" の開発」『三菱重工技報』Vol.33,No3、154～157頁。
菅野秀樹（2013）「技術者の散歩道　式年遷宮と技術の継承」『防衛技術ジャーナル』No.390、33～35頁。
木方敬興（2008）「追想　菊原静男博士－戦後の飛行艇復活に命を懸けた設計者」『空！　飛行機！　そして、飛行艇!!』中高年活性化センター、10～54頁。
菊原静男（1972）「日本の航空機開発の一つの流れ」『日本機械学会誌』Vol.75,No.646、109～116頁。

久野正夫（2006a）「T-1 の生産、配備、運用」『世界の傑作機No.114　富士 T-1』文林堂、36～43頁。
久野正夫（2006b）「航空自衛隊における T-2 の運用」『世界の傑作機No.116　三菱 T-2』文林堂、66～71頁。
久野正夫（2006c）「航空自衛隊 F-1 運用史　その導入から任務完了まで」『世界の傑作機No.117　三菱 F-1』文林堂、48～53頁。
熊谷直（2007）「海軍技術・陸軍技術その人と組織」『日本の軍事テクノロジー』（碇義朗他著）光人社、199～238頁。
軍事研究（2014）「“第六世代戦闘機”国産なるか!?　ベールを脱いだ『先進技術実証機』」『軍事研究』Vol.49,No.9、pp.14-15頁。
経済産業省（2010）『防衛産業基盤について』2010年4月8日、
http://www.kantei.go.jp/jp/singi/shin-ampobouei2010/dai5/siryou2.pdf。
源田孝（2008）『アメリカ空軍の歴史と戦略』芙蓉書房出版。
航空機国際共同開発促進基金（2009）『航空機等に関する解説概要　フライ・バイ・ワイヤの技術動向』
http://www.iadf.or.jp/8361/LIBRARY/MEDIA/H21_dokojyoho/H21-1.pdf。
航空自衛隊50年史編さん委員会（2006）『航空自衛隊50年史』防衛庁航空幕僚監部。
航空情報（2004）『別冊航空情報　航空秘話復刻版シリーズ（6）YS-11 誕生秘話』酣燈社。
後藤仁（2011）「F-4 ファントムⅡの空軍バージョン　McDonnell F-110 Spector」『航空情報2011年5月号増刊　アメリカ空軍戦闘機「進化論」 1942～2010』酣燈社、92～95頁。
小林春彦（2005）「新明和工業、救難飛行艇 US-1A を完納―30年間の生産に幕／海上救助に貢献大―」『航空と宇宙』No.614、4～7頁。
小林春彦（2007）「特集　川崎重工業、P-X・C-X をロールアウト　世界初、2機同時開発の快挙」『航空と宇宙』No.645、1～4頁。
小林晴彦（2010）「シリーズ　日本の国産戦闘機を考える（2）三菱重工の目指す将来戦闘機」『軍事研究』Vol.45,No.6、61～68頁。
小林春彦（2011）「平成24年度概算要求にみる自衛隊の航空戦力」『軍事研究』Vol.46,No.12、56～65頁。
小林春彦（2012）「25年度概算要求、3自衛隊の航空戦力整備　戦闘機・AWACS の能力向上推進“防空・警戒監視”島嶼防衛関連が急増」『軍事研究』Vol.47,No.12、66～78頁。
坂出健（2010）『イギリス航空機産業と「帝国の終焉」　軍事産業基盤と英米生産

提携』有斐閣。
櫻井定和（2000）「日本における F-4EJ ファミリー」『世界の傑作機No.82　F-4 ファントムⅡ輸出型』文林堂、80～87頁。
桜林美佐（2010）『誰も語らなかった防衛産業』並木書房。
桜林美佐（2014）「ニッポンの防衛産業　装備品「まとめ買い」の不安　海自は P1 哨戒機20機を一括調達」『zakzak』2014年9月9日、
http://www.zakzak.co.jp/society/politics/news/20140909/plt1409090830002-n1.htm。
佐々木聡（1992）「第二次世界大戦期の日本における生産システム合理化の試み―中島飛行機武蔵野製作所の事例を中心に―」『経営史学』、57～77頁。
サッター、ジョー・スペンサー、ジェイ（2008）『747ジャンボを作った男』（堀千恵子訳）日経 BP 社。
佐藤正孝監修（2008）「F-15 全機データファイル」『航空自衛隊の名機シリーズ　航空自衛隊 F-15 改訂版』イカロス出版、112～115頁。
沢井実（2012）『近代日本の研究開発体制』名古屋大学出版会。
産業構造審議会産業競争力部会（2010）『産業構造審議会産業競争力部会報告書』
http://www.meti.go.jp/committee/summary/0004660/vision2010f.pdf。
産経新聞（2011）「次期戦闘機に F35 決定　42機調達」『産経新聞』2011年12月21日、産経新聞社。
JWings（2004）「T-2/F-1 開発物語」『航空自衛隊の名機シリーズ　航空自衛隊 T-2/F-1』イカロス出版、85～90頁。
JWings（2005a）「国産中等練習機 T-4」『自衛隊の名機シリーズ　航空自衛隊 T-4　C-1　E-767』イカロス出版、4～21頁。
JWings（2005b）「国産戦術輸送機 C-1」『航空自衛隊の名機シリーズ　航空自衛隊 T-4　C-1　E-767』イカロス出版、22～37頁。
JWings（2012）「記録への挑戦と実戦記録　戦空に覇を唱えた超音速の幽鬼」『世界の名機シリーズ　F-4 ファントムⅡ』イカロス出版、88～95頁。
JWings（2015a）「日本が開発中の C-2 はこんな輸送機だ!」『JWings』No.205、30～37頁。
JWings（2015b）「F-35 ライトニングⅡ徹底解説」『世界の名機シリーズ　F-35 ライトニングⅡ最新版』イカロス出版、21～61頁。
JWings（2015c）「Joint Strike Fighter と X-32 vs X-35」『世界の名機シリーズ F-35 ライトニングⅡ最新版』イカロス出版、94～103頁。
JWings（2015d）「F-35 はこうして作られる」『世界の名機シリーズ　F-35 ライ

トニングII最新版』イカロス出版、104～107頁。
嶋田康宏（2007）「航空自衛隊御用達機ラインアップ」『丸』Vol.60,No.10、84～89頁。
新明和工業（1979）『社史１　新明和工業株式会社』新明和工業。
春原剛（2009）『甦る零戦　国産戦闘機 vs. F22 の攻防』新潮社。
関賢太郎（2009）「DO YOU REMEMBER「F-2 Super Kai」?」『航空情報』2009年8月、Vol.59,No8、28～29頁。
関賢太郎（2012）『航空情報2012年5月号増刊　AIREVIEW　SELECTION　Vol.5　JASDF　F-2』酣燈社。
関賢太郎（2013）「進化する「平成の零戦」の未来」『丸』Vol.66,No.6、84～89頁。
関賢太郎（2014）「音速の忍者"RF-4E"メカと後継機選定」『丸』Vol.67,No.5、72～75頁。
戦闘機の生産技術基盤の在り方に関する懇談会（2009）『戦闘機の生産技術基盤の在り方に関する懇談会中間取りまとめ』
http://www.mod.go.jp/j/approach/agenda/meeting/sentouki/houkoku/02.pdf。
園田寛治（1978）「C-1 輸送機の紹介（上）」『航空技術』No.276、15～21頁。
竹内修（2009）「アベンジャーから P-1 へ　海上自衛隊固定翼哨戒機の歴史」『エアワールド』Vol.33,No.5、34～39頁。
竹内修（2011）「どうなる FX!?　空自ファイター最新事情」『丸』Vol.64,No.10、55～63頁。
竹内修（2012a）「第四次 FX 選定ガイド」『丸　1月別冊　心神 vsF-35　空自次世代戦闘機と世界のステルスファイター』潮書房、106～113頁。
竹内修（2012b）「F-35 が勝利した第四次 FX を総括する」『丸』Vol.65,No.3、55～63頁。
竹内修（2013）「洋上、海中の対日脅威を押え込む　最新鋭国産哨戒機、第一線配備！　中国潜水艦の天敵"P-1"」『軍事研究』Vol.48,No.6、28～37頁。
竹内修（2014）「最新軍事研究　ATD-X ＆空自新戦闘機の今後」『丸』Vol.67,No.5、55～63頁。
竹内修（2015）「陸自 AH-64D 裁判の争点『初期費用』っていったい何？」『J ウイング』No.200、94～95頁。
谷内朗（2008）「P-X　C-X 民転」『飛翔　航空機産業公式ガイドブック』経済産業調査会、81～103頁。
田村重信・佐藤正久編著（2008）『教科書・日本の防衛政策』芙蓉書房出版。
T-1 開発記録編集委員会（2005）『日本最初の後退翼ジェット機　T-1 －開発関係者の証言と追想－』富士重工業株式会社航空宇宙カンパニー。

通商産業政策史編纂委員会・長谷川信（2013）『通商産業政策史　1980-2000　第7巻　機械情報産業政策』経済産業調査会。
坪田敦史（2009）「完全版！ F-4/RF-4 全機データファイル」『航空自衛隊の名機シリーズ　航空自衛隊 F-4 改訂版』イカロス出版、100～103頁。
土井武夫（1989）『飛行機設計50年の回想』酣燈社。
鳥養鶴雄（2002a）『大空への挑戦・ジェット機編』グランプリ出版。
鳥養鶴雄（2002b）「F-86 に見る後退翼の設計」『世界の傑作機No.93　ノースアメリカン F-86 セイバー』文林堂、56～63頁。
鳥養鶴雄（2006a）「基本構造からモックアップ審査まで」『世界の傑作機No.114　富士 T-1』文林堂、10～17頁。
鳥養鶴雄（2006b）「構造とシステム」『世界の傑作機No.114 富士 T-1』文林堂、18～23頁。
鳥養鶴雄（2006c）「国産超音速練習機 T-2 の設計とその技術」『世界の傑作機No.116　三菱 T-2』文林堂、18～33頁。
鳥養鶴雄（2006d）「“支援戦闘機”F-1 へのアプローチ　その設計思想と成果の位置付け」『世界の傑作機No.117　三菱 F-1』文林堂、26～29頁。
鳥養鶴雄（2006e）「ファントム　その思想とメカニズム」『航空秘話復刻版シリーズ（7）　F-4 ファントム開発のすべて』酣燈社、36～49頁。
内藤子生（1958）「T1F2 の設計」『航空情報』No.85、44～49頁。
中川岩太郎（1971）「F-86 の生産開始に至るまでの経緯について」『往時茫々第三巻－三菱重工名古屋五十年の懐古－』三菱重工名古屋菱光会、706～712頁。
中村洋明（2012）『航空機産業のすべて』日本経済新聞出版社。
名古屋航空機製作所25年史編集委員会（1983）『三菱重工名古屋航空機製作所25年史』三菱重工業株式会社名古屋航空機製作所。
奈良原裕也（2009）「F-16E&F/A-18E との比較でみる現状としての F-2 の実力」『航空情報』Vol59,No.8、8～13頁。
奈良原裕也（2010）「「亡霊」は西側最大のベストセラー機」『航空情報』Vol.60, No.4、52～55頁。
西村直紀（2015）「オペレーション・ボロ」『世界の傑作機No.168 F-4C,D ファントムⅡ』文林堂、76羅81頁。
日経産業新聞（2011）「新産業連関図　第3部飛躍する航空機産業①　大空舞う日の丸部材」『日経産業新聞』2011年11月7日、日本経済新聞社。
日本経済新聞（2011）「次期戦闘機に F35、三菱重など参画」『日本経済新聞』2011年12月21日、日本経済新聞社。

日本経済新聞（2014）「日の丸戦闘機　復活の野心」『日本経済新聞』2014年9月19日。
日本航空宇宙学会（2000）「特集 XF-2 の開発」『日本航空宇宙学会誌』Vol.48, No 555、227～264頁。
日本航空宇宙工業会（1987）『日本の航空宇宙工業戦後史』日本航空宇宙工業会。
日本航空宇宙工業会（2003）『日本の航空宇宙工業50年の歩み』日本航空宇宙工業会。
日本航空宇宙工業会（2014）『平成26年版日本の航空宇宙工業』日本航空宇宙工業会。
日本航空宇宙工業会（2015）『航空宇宙産業データベース』 http://www.sjac.or.jp/common/pdf/toukei/7_database_H27.7.pdf。
日本航空史編纂委員会（1992）『日本航空史　昭和戦後編』日本航空協会。
野木恵一（2008）「原子力潜水艦が招来した潜水艦の新時代　現代潜水艦の発展と脅威」『深海に潜む最強のシーパワー　潜水艦入門』イカロス出版、59～82頁。
長谷部憲司（2015）「"海洋国・日本"の生んだ哨戒機　川崎 P-1 の開発経緯と技術的特徴」『航空ファン』No.754、50～55頁。
浜田一穂（2010）「近未来を探る「心神」の実証」『丸』Vol.63,No.4、70～77頁。
林富士夫（2010）「「先進技術実証機」構想と国産戦闘機の将来像」『軍事研究2010年10月号別冊 日本と世界の新型軍用航空機』ジャパン・ミリタリー・レビュー、16～29頁。
半田邦夫（2010）『航空機生産工学増補改訂版』オフィス HANS。
樋口恒晴（2014）『「平和」という病－一国平和主義、集団的自衛権、憲法解釈の嘘を暴く』ビジネス社。
平木敏夫（1969）「P-2J 対潜哨戒機」『日本航空宇宙学会誌』Vol.17,No.184、202～208頁。
福永晶彦・山田敏之（2010）「組織能力の向上と促進要因の考察－三菱重工業における国産超音速機 T-2 開発の事例を中心として」『実践経営』No.47、87～96頁。
福永晶彦・山田敏之（2011a）「我が国航空機企業における組織能力の構築とマネジメント」『戦略研究 9　戦略論の新潮流』、103～126頁。
福永晶彦・山田敏之（2011b）「戦後日本航空機企業のコンピタンス形成－川崎重工業の事例－」『実践経営』No.48、93～102頁。
富士重工業株式会社社史編纂委員会（1984）『富士重工業三十年史』富士重工業。
藤田勝啓（1980）「航空自衛隊の F-15」『航空ジャーナル1980年2月号臨時増刊 グレート・エアクラフト・シリーズ No.2　F-15 イーグル』航空ジャーナル、115～118頁。
藤田勝啓（1999）「ベトナム戦争の MiG-21」『世界の傑作機No.76　MiG-21 "フィッシュベッド"』文林堂、58～66頁。

藤田勝啓（2003）「MiG-15/-17, その開発と各型」『世界の傑作機No.97 MiG-15 “ファゴット”, MiG-17 “フレスコ”』文林堂、26〜37頁。
藤田勝啓（2011）「BOEING B-47 開発と各型」『世界の傑作機No.142 ボーイング B-47 ストラトジェット』文林堂、18〜29頁。
藤田勝啓（2012）「構造とシステム」『世界の傑作機 No.151 MiG-19 “ファーマー”』文林堂、49〜55頁。
藤本隆宏（1997）『生産システムの進化論』有斐閣。
藤本隆宏（2004）『日本のもの造り哲学』日本経済新聞社。
帆足孝治（2014）「昭和の末に咲いた日本航空界の夢—幻の FS-X」『航空自衛隊の名機シリーズ 航空自衛隊 F-2 最新版』イカロス出版、98〜99頁。
防衛技術ジャーナル（2001）「FS-X 日米共同開発を顧みて」『防衛技術ジャーナル』Vol.21,No.1、18〜29頁。
防衛技術ジャーナル編集部（2005）『兵器と防衛技術シリーズ① 航空機技術のすべて』防衛技術協会。
防衛省（2010a）『防衛生産・技術基盤』2010年4月、
http://www.kantei.go.jp/jp/singi/shin-ampobouei2010/dai5/siryou1.pdf。
防衛省（2010b）『将来の戦闘機に関する研究開発ビジョン』2010年8月、
http://www.mod.go.jp/j/press/news/2010/08/25a_02.pdf。
防衛省（2013）『航空自衛隊の次期戦闘機 F-35A に係る契約について』
http://www.mod.go.jp/j/press/news/2013/09/30a.html。
防衛省（2014a）『防衛生産・技術基盤戦略 〜防衛力と積極的平和主義を支える基盤の強化に向けて〜』2014年6月、
http://www.mod.go.jp/j/approach/others/equipment/pdf/2606_honbun.pdf。
防衛省（2014b）『平成26年版 日本の防衛－防衛白書－』防衛省。
防衛省（2014c）『我が国の防衛と予算－平成27年度概算要求の概要－』2014年8月、
http://www.mod.go.jp/j/yosan/2015/gaisan.pdf。
防衛省開発航空機の民間転用に関する検討会（2010）『防衛省開発航空機の民間転用に関する検討会取りまとめ（案）』2010年7月13日、
http://www.mod.go.jp/j/approach/agenda/meeting/kaihatsukokuki/sonota/pdf/04/001.pdf。
防衛生産・技術基盤研究会（2011）『防衛生産・技術基盤研究会中間報告－防衛生産・技術基盤戦略策定の課題と論点－』
http://www.mod.go.jp/j/approach/agenda/meeting/seisan/houkoku/02.pdf。
防衛庁技術研究本部（1978）『防衛庁技術研究本部二十五年史』防衛庁技術研究本部。

防衛庁技術研究本部（2002）『防衛庁技術研究本部五十年史』
http://www.mod.go.jp/trdi/data/50years.html。
前間孝則（1999）『YS-11　上　国産旅客機を創った男たち』、『YS-11　下　苦難の初飛行と名機の運命』講談社。
前間孝則（2002）『日本はなぜ旅客機をつくれないのか』草思社。
前間孝則（2004）『技術者たちの敗戦』草思社。
前間孝則（2005）『戦闘機屋人生　元空将が語る零戦からFSXまで90年』講談社。
前間孝則（2009a）「前間が行く！国産機をつくる漢たち　第3回　P-X/C-Xのチーフデザイナー川崎重工業の久保正幸理事に聞く」『航空情報』Vol.59,No.5、52～57頁。
前間孝則（2009b）「前間が行く！　国産機を作る漢たち　第6回　F-2 設計チームリーダー神田國一氏を訪ねる」『航空情報』Vo.59,No.8、52～58頁。
前間孝則（2010）『飛翔への挑戦　国産航空機開発に賭ける技術者たち』新潮社。
松崎豊一（1990）「F-4　PHANTOM Ⅱ GENESIS」『航空ファン別冊No.54　F-4ファントムⅡ』文林堂、17～28頁。
松崎豊一（2002）「開発と各型　傑作機セイバー、出現と発達の背景」『世界の傑作機No.93 ノースアメリカン F-86 セイバー』文林堂、26～43頁。
松崎豊一（2005a）「究極の有人戦闘機といわれた F-104 スターファイター・ヒストリー」『航空自衛隊の名機シリーズ　航空自衛隊 F-86　F-104』イカロス出版、76～84頁。
松崎豊一（2005b）「航空自衛隊機ヒストリー」『航空自衛隊の名機シリーズ　航空自衛隊 T-4　C-1　E-767』イカロス出版、88～102頁。
松崎豊一（2008）「F-15 イーグル・ヒストリー」『航空自衛隊の名機シリーズ　航空自衛隊 F-15 改訂版』イカロス出版、102～109頁。
松崎豊一（2009）「F-4 ファントム・ストーリー」『航空自衛隊の名機シリーズ　航空自衛隊 F-4 改訂版』イカロス出版、84～94頁。
松崎豊一（2010）「世界を驚かせた最強の多用途戦闘機　McDonnell F-4 Phantom Ⅱ」『航空情報2010年7月号増刊　アメリカ海軍戦闘機「進化論」1944～2010』酣燈社、80～87頁。
松崎豊一（2011）「空を支配する最強の戦闘機　Lockheed Martin F-22 Raptor」『航空情報2011年5月号増刊　アメリカ空軍戦闘機「進化論」1942～2010』酣燈社、128～133頁。
松崎豊一（2015）「アメリカ海軍ファントムⅡの開発と発展（パート１）」『世界の傑作機No.167　F-4A,B,N ファントムⅡ』文林堂、26～39頁。

松宮廉（2009）「F-2 担当技術開発官に聞く」『軍事研究2009年8月号別冊　新兵器最前線シリーズ8　空自 F-2/F-1 戦闘機と世界の戦闘攻撃機』ジャパン・ミリタリー・レビュー、2009年、16～23頁。
松宮廉他（1998）「XF-2 の開発」『日本航空宇宙学会誌』Vol.46,No.536、476～484頁。
水野民雄（1995）「海上自衛隊 P2V-7，P-2J 運用史」『世界の傑作機No.50　ロッキード P2V/川崎 P-2J』文林堂、52～58頁。
水谷仁（2015）「日本の航空事始め」『ニュートン別冊　飛行の原理から最新鋭の航空機まで　航空機のテクノロジー』ニュートンプレス、98～147頁。
三菱重工業（1956）『三菱重工業株式会社史』三菱重工業。
三菱重工業（1988）『名航工作部の戦前戦後史　守屋相談役「私と航空機生産」』三菱重工業。
三菱重工業（2003）『三菱重工ニュース　F-15J 近代化試改修1号機引き渡し　航空自衛隊飛行開発実験団へ』http://www.mhi.co.jp/news/sec1/031022.html。
三菱重工業株式会社社史編さん委員会（2014a）『海に陸にそして宇宙へ2　沿革―昭和から平成へ　三菱重工業社史』三菱重工業。
三菱重工業株式会社社史編さん委員会（2014b）『海に陸にそして宇宙へ2　技術・製品事業編／資料編　三菱重工業社史』三菱重工業。
宮川淳一他（2008）「高運動飛行制御システムの研究」『三菱重工技報』http://www.mhi.co.jp/technology/review/pdf/454/454058.pdf。
宮本勲・JWings（2014）「保存版 F-2 年表」『航空自衛隊の名機シリーズ　航空自衛隊 F-2 最新版』イカロス出版、100～112頁。
宮脇俊幸（2011）「前飛行開発実験団司令に聞く　F-35 導入で期待される波及効果　空自 F-X 選定と将来国産戦闘機構想」『軍事研究』Vol.46,No10、38～47頁。
宮脇俊幸（2013）「国産機の強み、主体的な改修・性能向上　マルチロールファイター“F-2”の進化」『軍事研究』Vol.48,No.10、28～39頁。
宮脇俊幸（2016）「将来戦闘機につながるステルス・高運動実験機　世界レベル第6世代戦闘機実現に向け第一歩　先進技術実証機、遂に初飛行へ!!」『軍事研究』Vol.51,No.2、28～41頁。
山内敏秀（2015）『潜水艦の戦う技術　現代の「海の忍者」－その実際に迫る』ソフトバンククリエイティブ。
山内秀樹（2008）「B-36 の開発とシステム、その各型」『世界の傑作機No.125　コンベア B-36 ピースメイカー』文林堂、10～27頁。
山内秀樹（2010）「PS-1 の ASW 概要」『世界の傑作機No.139　新明和 PS-1』文林堂、80～87頁。

山崎剛美（2014）「予算増額の厳しさや制度改革の困難性を経験した筆者が『防衛生産・技術基盤戦略』を徹底検証」『軍事研究』Vol.49,No.9、70～84頁。
山田敏之・福永晶彦（2012）「製品イノベーションとミドルの役割」『実践経営』No.49、97～107頁。
油井一・河東桓・熊谷孜（1972）「国産中型ジェット輸送機の開発」『日本航空宇宙学会誌』Vol.20,No.224、476～489頁。
吉岡秀之（2015）「第一線戦闘機の FMS 調達は日本の防空態勢に穴を開け、航空防衛産業の衰退を招く　空自 F-35 の調達は42機に留めよ!」『軍事研究』Vol.50, No.11、28～41頁。
リッチ、ベン・R（1997）『ステルス戦闘機－スカンク・ワークスの秘密』（増田興司訳）講談社。
和田一夫（2009）『ものづくりの寓話　フォードからトヨタへ』名古屋大学出版会。
Dosi, Giovanni et al.（1988）*Technical Change and Economic Theory*, Pinter Publishers.
Nelson, Richard R. ed.（1993） *National Innovation Systems*, Oxford University Press.

【参考URL】
川崎重工業（Business Report 第192期通期 2014年4月1日→2015年3月31日）
http://www.khi.co.jp/ir/pdf/jihou_192.pdf。
川崎重工業（川崎重工の歴史）
http://www.khi.co.jp/company/history/001.html。
http://www.khi.co.jp/company/history/002.html。
http://www.khi.co.jp/company/history/003.html。
川崎重工業（P-3C 哨戒機）
http://www.khi.co.jp/aero/product/airplanes/p_3c.html.
経済産業省（「防衛装備移転三原則」を策定しました）
http://www.meti.go.jp/press/2014/04/20140401001/20140401001.pdf。
新明和工業（世界の飛行艇）
http://www.shinmaywa.co.jp/aircraft/us2/us2_world.html。
新明和工業（財務・業績　セグメント情報）
http://www.shinmaywa.co.jp/ir/segment.html。
新明和工業（企業情報・沿革）
http://www.shinmaywa.co.jp/company/history.html。

富士重工業（企業情報・事業案内　航空宇宙カンパニー）
http://www.fhi.co.jp/outline/section/aero.html。
富士重工業（セグメント・地域別データ:セグメント別売上・利益概況）
http://www.fhi.co.jp/ir/finance/achievement.html。
富士重工業（会社概況2015）
http://www.fhi.co.jp/ir/report/pdf/fact/2015/fact_all.pdf。
防衛省（防衛関係費の現状について）
http://www.mod.go.jp/j/approach/others/shiritai/budget_h26/#a1。
防衛省（防衛省設置法等の一部を改正する法律案の概要 平成27年度予算関連法案）
http://www.mod.go.jp/j/presiding/pdf/189_150306/01.pdf。
防衛省（中期防衛力整備計画　平成26年度～平成30年度　について）
http://www.mod.go.jp/j/approach/agenda/guideline/2014/pdf/chuki_seibi26-30.pdf.。
防衛省（第67回防衛調達審議会議事要旨）
http://www.mod.go.jp/j/approach/agenda/meeting/cho-shin/gijiroku/67.html。
防衛省（研究開発に関する達）
http://www.clearing.mod.go.jp/kunrei_data/f_fd/2000/fy20010316_00100_001.pdf。
防衛省（装備品等の研究開発に関する訓令）
http://www.clearing.mod.go.jp/kunrei_data/a_fd/2015/ax20151001_00037_000.pdf。
防衛省技術研究本部（組織情報・沿革）
http://www.mod.go.jp/trdi/org/enkaku.html。
防衛省技術研究本部（組織情報・組織）
http://www.mod.go.jp/trdi/org/soshiki.html。
防衛省技術研究本部（「実証エンジンの研究」に関する外部評価委員会の概要）
http://www.mod.go.jp/trdi/research/gaibuhyouka/pdf/XF5_20.pdf。
本田技研工業（Honda Jet ウェブサイト）
http://www.honda.co.jp/tech/new-category/airplane/HondaJet/。
三菱航空機（三菱航空機ウェブサイト）
http://www.mrj-japan.com/j/top.html。
三菱重工業（財務・業績、セグメント別データ）
http://www.mhi.co.jp/finance/finance/segment/index.html。
三菱重工業（企業情報・沿革）

http://www.mhi.co.jp/company/outline/contents/history.html。
三菱重工業（航空機事業　三菱航空機の歴史）
http://www.mhi.co.jp/cats/airplane/historyaircraft/index.html。

著者
福永 晶彦（ふくなが あきひこ）
1965年生まれ。宮城大学事業構想学部教授。
英国国立ランカスター大学経営大学院博士課程修了。PhD

軍用機製造の戦後史
——戦後空白期から先進技術実証機まで——

2016年 7月25日　第1刷発行

著 者
福永 晶彦

発行所
㈱芙蓉書房出版
（代表 平澤公裕）
〒113-0033東京都文京区本郷3-3-13
TEL 03-3813-4466　FAX 03-3813-4615
http://www.fuyoshobo.co.jp

印刷・製本／モリモト印刷

ISBN978-4-8295-0686-8